U0315508

镁质复相耐火材料
原料、制品与性能

罗旭东　张国栋　栾　舰　游杰刚　著

北　京
冶金工业出版社
2021

内 容 简 介

本书介绍了镁质复相耐火材料原料、制品与性能的基础知识，简述了镁质复相耐火材料制备工艺，重点论述了镁质复相耐火浇注料、镁质复相不烧砖、镁质复相烧成类耐火材料、镁质复相多孔材料的制备技术，以及不同种类和数量的添加剂和工艺参数对上述材料的组成、结构及性能的影响等，并且构建了镁质复相耐火材料原料、制品及性能的理论体系。

本书可供从事冶金工业、耐火材料科研、生产、设计工作的技术人员阅读，也可供高等院校有关专业师生参考。

图书在版编目（CIP）数据

镁质复相耐火材料原料、制品与性能/罗旭东等著 . —
北京：冶金工业出版社，2017. 2（2021. 10 重印）
ISBN 978-7-5024-7461-4

Ⅰ.① 镁…　Ⅱ.① 罗…　Ⅲ.① 镁质耐火材料—研究
Ⅳ.① TQ175. 71

中国版本图书馆 CIP 数据核字（2017）第 032243 号

出 版 人　苏长永
地　　址　北京市东城区嵩祝院北巷 39 号　邮编　100009　电话　(010)64027926
网　　址　www. cnmip. com. cn　电子信箱　yjcbs@ cnmip. com. cn
责任编辑　杜婷婷　美术编辑　彭子赫　版式设计　彭子赫
责任校对　郑　娟　责任印制　李玉山
ISBN 978-7-5024-7461-4
冶金工业出版社出版发行；各地新华书店经销；北京建宏印刷有限公司印刷
2017 年 2 月第 1 版，2021 年 10 月第 3 次印刷
710mm×1000mm　1/16；12.75 印张；248 千字；194 页
58. 00 元
冶金工业出版社　投稿电话　(010)64027932　投稿信箱　tougao@ cnmip. com. cn
冶金工业出版社营销中心　电话　(010)64044283　传真　(010)64027893
冶金工业出版社天猫旗舰店　yjgycbs. tmall. com
（本书如有印装质量问题，本社营销中心负责退换）

前　　言

　　镁质复相耐火材料是以方镁石为主晶相，耐火材料基体中形成与主晶相相关的第二相的一类镁质材料，具有耐火度高、荷重软化温度高、对金属和碱性渣抗侵蚀性等优点，广泛应用于钢铁、水泥、有色金属等工业领域。镁质复相耐火材料原料、制备工艺等对制品组成、结构和性能具有重要影响。对于不同工艺制备的镁质复相材料，构建原料、工艺与制品组成、结构及性能的关系，对于进一步发展和完善镁质复相耐火材料体系、指导镁质复相耐火材料生产具有重要作用。

　　本书是作者在深入调研镁质复相耐火材料制备与性能的基础上开展的基础性研究工作，针对镁质复相耐火材料的原料组成、典型形貌及制品性质进行分析和讨论，通过对作者所在课题组多年来的研究成果进行归纳、总结而成。本书系统全面地对镁质复相耐火材料原料及制品的基础知识、镁质复相耐火材料的制备工艺及影响因素进行了论述，探索了新的研究方法，希望能够对从事耐火材料相关专业的科研和教学提供借鉴。

　　本书从镁质复相耐火材料原料、镁质复相耐火材料制品、镁质复相耐火浇注料、镁质复相不烧砖、镁质复相烧成类耐火材料及镁质复相多孔材料分析与探索几个方面进行编排。镁质复相耐火材料原料部分重点研究了典型镁质复相耐火材料原料组成及微观形貌特征；镁质复相耐火材料制品部分重点介绍了镁砖、镁尖晶石砖、镁白云石砖和镁锆砖；镁质复相耐火浇注料部分重点介绍了镁质浇注料、镁铝质浇注料和镁铬质浇注料的制备工艺及添加剂对其组成、结构与性能的影响；镁质复相不烧砖部分重点介绍了制备工艺及添加剂对镁质不烧砖组成、结构与性能的影响；镁质复相烧成类耐火材料部分重点介绍了制备工艺及烧成工艺与添加剂对烧成砖性能的影响；镁质复相多孔材料部分重点介绍了分散剂、减水剂及复相添加剂对镁质多孔耐火材料结构及性能的影响。

　　本书主要是以辽宁科技大学高温材料与镁资源学院冶金新技术用

耐火材料课题组多年来对镁质复相材料的研究与开发为基础编写的，在此感谢课题组负责人张国栋教授对本书的审阅工作。在本书的编写过程中，得到了辽宁科技大学高温材料与镁资源学院实验中心王春艳老师、东北大学张小芳博士、李美葶博士的大力支持，以及辽宁省镁质材料工程研究中心陈树江教授、曲殿利教授、李志坚教授、张玲教授的无私帮助，还得到清华大学新型陶瓷与精细工艺国家重点实验室谢志鹏教授、鞍山市量子炉材有限公司姚华柏总经理的指导以及辽宁科技大学高温材料与镁资源学院和辽宁省镁质材料工程技术研究中心同事们提供的多方面帮助和支持；在具体实验过程中得到了辽宁省镁质材料工程研究中心李志辉老师、关岩老师、郑玉老师、栾旭老师的热心帮助，在此一并深表感谢。

　　本书内容涉及的主要研究成果是在国家自然基金（编号：51402143）及辽宁科技大学"青年拔尖人才奖励计划"项目资助下完成的。

　　由于作者水平所限，书中不妥之处敬请读者和专家指正。

作者

2016 年 10 月

目　　录

1　镁质复相耐火材料原料

镁质复相耐火材料原料一般包括镁砂、合成砂及添加剂等。镁砂主要类型是烧结镁砂和电熔镁砂，合成砂主要类型是镁铝尖晶石砂、镁铬尖晶石砂、铁铝尖晶石砂、镁钙砂等。

1.1　镁砂原料

1.1.1　烧结镁砂

通常所说的烧结镁砂是指采用竖窑和回转窑以菱镁矿直接煅烧的产品。依 MgO 质量分数标定镁砂等级，一般最高级可达 $w(MgO)=98\%$。我国镁砂基地主要在辽宁南部，品质纯净，原料中主要杂质是 SiO_2 和 CaO，Fe_2O_3 质量分数不高。烧结镁砂通过根据制备工艺和氧化镁质量分数分为重烧镁砂、中档镁砂和高纯镁砂。表 1-1 为普通烧结镁砂理化指标。

表 1-1　烧结镁砂理化指标

型号	$w(MgO)/\%$	$w(SiO_2)/\%$	$w(CaO)/\%$	CaO/SiO_2 摩尔比	体积密度/g·cm^{-3}
MS98A	≥97.7	≤0.3		≥3	≥3.40
MS98B	≥97.7	≤0.4		≥2	≥3.35
MS98C	≥97.5	≤0.4		≥2	≥3.30
MS97A	≥97.0	≤0.5		≥2	≥3.40
MS97B	≥97.0	≤0.6		≥2	≥3.35
MS97C	≥97.0	≤0.8			≥3.30
MS96A	≥96.0	≤1.0			≥3.30
MS96B	≥96.0	≤1.5			≥3.25
MS95A	≥95.0	≤2.0	≤1.6		≥3.25
MS95B	≥95.0	≤2.2	≤1.6		≥3.20
MS93A	≥93.0	≤3.0	≤1.6		≥3.20
MS93B	≥93.0	≤3.5	≤1.6		≥3.18
NS90A	≥90.0	≤4.0	≤1.6		≥3.20
NS90B	≥90.0	≤4.8	≤2.0		≥3.18

1.1.1.1　重烧镁砂

重烧镁砂是将菱镁矿、水镁石、海水及卤水氢氧化镁等原料在 1600~1900℃ 下充分烧结而得到的产物。我国习惯上所称的烧结镁砂是由菱镁矿烧结而得，采用 MgO 质量分数大于 46.0% 的镁石块矿，与固体燃料块混合，入竖窑煅烧生产的镁砂，其中 MgO 质量分数为 89%~92%；由于镁砂的烧结程度较高，所以有时也称作死烧镁砂。表 1-2 所示为典型重烧镁砂的技术指标。

表 1-2　典型重烧镁砂的技术指标

化学成分（质量分数）/%						体积密度/g·cm⁻³
IL	SiO$_2$	CaO	MgO	Al$_2$O$_3$	Fe$_2$O$_3$	3.16
0.27	3.87	1.86	92.48	0.62	0.90	

重烧镁砂的显微结构特征是主晶相为方镁石，晶体多为浑圆状和不规则粒状体，其晶体尺寸和形状取决于原料的纯度和烧结温度。一般重烧镁砂中的方镁石晶体尺寸较小，在 20~60μm 之间，晶间常伴随有硅酸盐相，成分多波动在 C$_3$S-C$_2$S-C$_3$MS$_2$-M$_2$S 之间。方镁石—方镁石间多以硅酸盐相的胶结结合为主。晶间多长条的开口气孔。图 1-1 和图 1-2 分别为重烧镁砂的光片形貌和断口形貌。

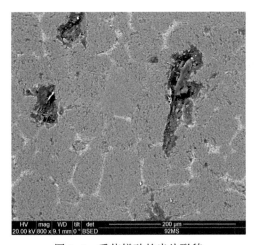

图 1-1　重烧镁砂的光片形貌

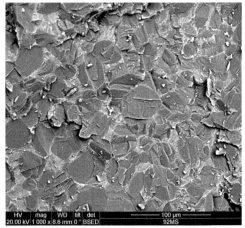

图 1-2　重烧镁砂的断口形貌

1.1.1.2　中档镁砂

采用 MgO 质量分数大于 46.5% 的镁石，经反射炉轻烧，再细磨，加水混合，压球，与固体燃料块混合入竖窑煅烧生产的镁砂，MgO 质量分数为 95% 左右，又称中档镁砂。表 1-3 所示为典型中档镁砂的技术指标。

表 1-3 典型中档镁砂的技术指标

化学成分（质量分数）/%						体积密度/g·cm⁻³
IL	SiO₂	CaO	MgO	Al₂O₃	Fe₂O₃	3.17
0.50	1.95	1.58	94.63	0.34	1.00	

中档镁砂的显微结构特征是主晶相为方镁石，晶体多为浑圆状和不规则粒状体，晶体尺寸多在 $50\sim100\mu m$ 之间，晶间常伴随有硅酸盐相，成分多波动在 $C_3S-C_2S-C_3MS_2-M_2S$ 之间。方镁石——方镁石间多以硅酸盐相的胶结结合为主，晶间多开口气孔。图 1-3 和图 1-4 所示为中档镁砂的光片形貌和断口形貌。

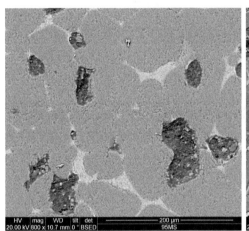

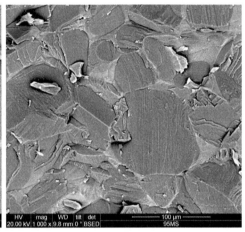

图 1-3 中档镁砂的光片形貌　　　　图 1-4 中档镁砂的断口形貌

1.1.1.3 高纯镁砂

采用 MgO 质量分数大于 47% 的镁石，经轻烧获得优质高纯的轻烧镁粉为原料，经细磨、干法压球，入超高温油竖窑煅烧生产的镁砂 MgO 质量分数为 96.5%~98%，称为高纯镁砂。表 1-4 所示为典型高纯镁砂技术指标。

表 1-4 典型高纯镁砂技术指标

化学成分（质量分数）/%						体积密度/g·cm⁻³
IL	SiO₂	CaO	MgO	Al₂O₃	Fe₂O₃	3.20
0.30	0.70	1.35	96.90	0.25	0.80	

高纯镁砂的显微结构特征是主晶相为方镁石晶体，晶体尺寸在 $30\sim100\mu m$ 之间，晶内、晶间多圆形的封闭气孔，气孔孔径多小于 $10\mu m$，晶间硅酸盐较少，方镁石的结合形式有方镁石——方镁石之间的直接结合和硅酸盐相的胶结结合两种。图 1-5 和图 1-6 所示为 97 高纯镁砂的光片形貌和断口形貌。

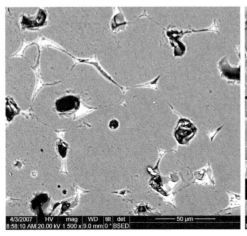 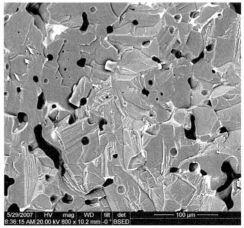

图1-5 97高纯镁砂的光片形貌　　　　　图1-6 97高纯镁砂的断口形貌

1.1.1.4 海水镁砂

海水和卤水中含有可溶性镁盐，用化学和热分解法制得 MgO，经高温煅烧成海水镁砂和卤水镁砂。海水和卤水与菱镁矿相比是一种可再生资源，而菱镁矿是不可再生资源。我国海水制盐后的苦卤量居世界之首，但是海水镁砂的制造工艺却比较落后，日本海水高纯镁砂的生产技术水平很高，能制造出纯度达 99.5% 的高纯镁砂，最高纯度可达 99.9%。

我国由于菱镁矿储量丰富，长期以来冶金企业主要立足于从菱镁矿中生产镁砂，并以低档镁砂为主。利用二步煅烧法，可以生产出纯度接近 97% 的高纯镁砂，至今用重烧法还难以生产出不小于 99% 的超高纯镁砂。因此，从我国的实际情况看，利用单一的物理法要从矿石中大量生产 98% 以上的高纯镁砂，特别是不小于 99% 的超高纯镁砂的难度还是较大的。而从海水中，尤其是从卤水中生产高纯和超高纯镁砂显然是要容易很多，它比从菱镁矿中生产高纯镁砂具有更多的优点。海水镁砂的 MgO 质量分数高达 99.5%，一般的海水镁砂也在 98%~99%。表1-5 所示为海水镁砂的典型技术指标。

表1-5 海水镁砂的典型技术指标

化学成分（质量分数）/%						体积密度/g·cm⁻³
IL	SiO₂	CaO	MgO	Al₂O₃	Fe₂O₃	3.20
0.25	0.23	0.53	98.85	0.03	0.11	

海水镁砂的典型显微结构特征是主晶相方镁石晶体大小均匀，质地纯净，材料多晶界和微孔结构。方镁石晶体通常在 $30\sim50\mu m$，晶间硅酸盐相少，晶体间多直接结合，晶内、晶间多封闭气孔，气孔大小均匀，孔径多在 $5\mu m$ 以下，赋

予材料良好的抗热震性能和抗渣侵蚀性能。图1-7和图1-8所示为海水镁砂的光片形貌和断口形貌。

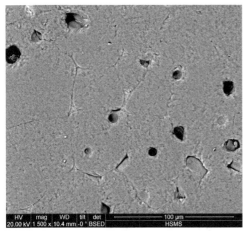

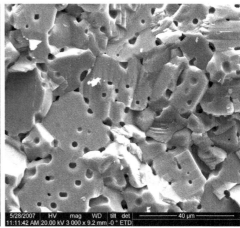

图1-7　海水镁砂的光片形貌　　　　图1-8　海水镁砂的断口形貌

1.1.2　电熔镁砂

由优质菱镁矿或轻烧镁粉在电弧炉中经2800℃以上的高温熔融而成，其强度、抗侵蚀性及化学惰性均优于烧结镁砂。在电熔镁砂中，主晶相方镁石首先在熔体中自由析晶，结晶长大，晶粒发育良好，晶体粗大，直接结合程度高，结构致密，而少量硅酸盐和其他结合矿物相呈孤立状分布。这一结构特点使电熔镁砂比烧结镁砂更耐高温，在氧化气氛中，能在2300℃以下保持稳定，高温结构强度、抗渣性和常温下抗水化性均较烧结镁砂优越。纯净粗大方镁石晶体还具有特殊的光学性质。因此说，电熔镁砂能更充分地发挥出方镁石的一些优越性能。表1-6为不同牌号的电熔镁砂理化指标。

表1-6　不同牌号的电熔镁砂理化指标

牌　号	w（MgO）/%	w（SiO_2）/%	w（CaO）/%	体积密度/g·cm^{-3}
DMS-98	≥98	≤0.6	≤1.2	≥3.50
DMS-97.5	≥97.5	≤1.0	≤1.4	≥3.45
DMS-97	≥97	≤1.5	≤1.5	≥3.45
DMS-96	≥96	≤2.2	≤2.0	≥3.45

1.1.2.1　97电熔镁砂

97电熔镁砂在电熔镁砂中用量最大，主要用于制备镁碳砖、镁铝碳砖及部分烧成镁质复相耐火制品。97电熔镁砂是以MgO质量分数大于47%的特级镁石

为原料，经电弧炉熔融生产出来的产品，MgO 质量分数通常大于 97%。表 1-7
所示为典型 97 电熔镁砂技术指标。

表 1-7 97 电熔镁砂技术指标

化学成分（质量分数）/%						体积密度/g·cm⁻³
IL	SiO₂	CaO	MgO	Al₂O₃	Fe₂O₃	
0.14	1.15	0.73	97.25	0.20	0.53	3.46

97 电熔镁砂的显微结构特征是主晶相方镁石，晶体结晶尺寸较大，多在 200
~600μm 之间，大者单晶尺寸可达毫米级，晶间的硅酸盐呈薄膜状分布，晶界较
细且较为平直，晶界薄膜厚度在 1~10μm 之间，晶界组成多为 CMS 或 C_3MS_2。
图 1-9 和图 1-10 所示为 97 电熔镁砂的光片形貌和断口形貌。

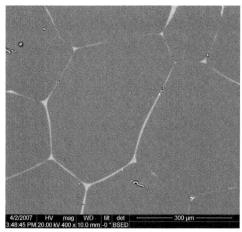 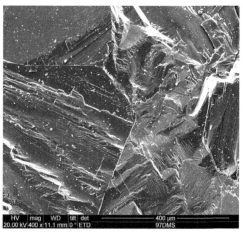

图 1-9 97 电熔镁砂的光片形貌   图 1-10 97 电熔镁砂的断口形貌

1.1.2.2 大结晶电熔镁砂

耐火材料厂家多追求使用大结晶电熔镁砂，甚至给大结晶以尺寸概念，即晶
粒尺寸大于 400~500μm。如果从纯度与晶体尺寸具有一定相关性考虑，要求大
结晶以求高纯度是合理的，但大结晶有结构强度偏低的缺陷。表 1-8 所示为典型
大结晶电熔镁砂技术指标。

表 1-8 大结晶电熔镁砂技术指标

化学成分（质量分数）/%						体积密度/g·cm⁻³
IL	SiO₂	CaO	MgO	Al₂O₃	Fe₂O₃	
0.16	0.65	0.31	98.40	0.12	0.36	3.47

大结晶电熔镁砂的显微结构特征是晶体尺寸大，大者可达毫米级，晶体解理特别发育，晶界平直，晶间的硅酸盐相很少，且呈点状分布。胶结膜最薄的约1~2μm，较厚者为3~4μm。这意味着平行于解理方向施力，会形成小于3~4μm厚的薄片或微粒。尽管晶体外形尺寸大到毫米级，但材料的脆性大，制砖和使用过程易沿解理面碎裂。图1-11和图1-12所示为大结晶电熔镁砂的光片形貌和断口形貌。

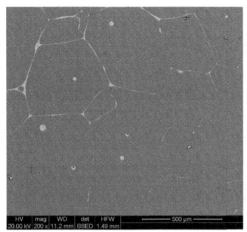 

图1-11　大结晶电熔镁砂的光片形貌　　　图1-12　大结晶电熔镁砂的断口形貌

1.1.2.3　皮砂

镁石熔融结晶时，方镁石首先析晶，而杂质高的硅酸盐相，由于熔点低，呈液相被排向周边，常说的皮砂即为熔融料的最边缘部位的物料，由于杂质含量较高，皮砂颜色常呈棕色和褐色。表1-9所示为典型皮砂技术指标。

表1-9　典型皮砂技术指标

| 化学成分（质量分数）/% | | | | | | 体积密度/g·cm^{-3} |
IL	SiO_2	CaO	MgO	Al_2O_3	Fe_2O_3	
0.25	3.98	2.01	92.65	0.26	0.85	3.17

皮砂的显微结构特征方镁石结晶尺寸较小，多在200μm以下，晶间硅酸盐相呈河流状分布，晶间含较多的硅酸盐相，成分多波动在C_3S-C_2S-C_3MS_2-M_2S之间。这类含硅酸盐相的原料气孔率低，但晶间大量硅酸盐相的存在，会使材料的高温性能降低。图1-13和图1-14所示为典型皮砂的光片形貌和断口形貌。

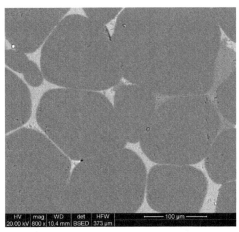

图 1-13 皮砂的光片形貌   图 1-14 皮砂的断口形貌

1.2 合成原料

1.2.1 镁铝尖晶石砂

镁铝尖晶石化学式 $MgAl_2O_4$ 或 $MgO \cdot Al_2O_3$，理论含 w（MgO）= 28.3%，w（Al_2O_3）= 71.7%。天然镁铝尖晶石极少发现，工业上应用的全部是人工合成产品。镁铝尖晶石具有良好的抗侵蚀能力、抗磨蚀能力，热震稳定性好。按照合成方法分为烧结法和电熔法两种。

图 1-15 所示为 $MgO-Al_2O_3$ 系统相图。镁铝尖晶石固溶体熔点为 2135℃。在镁铝尖晶石固溶体理论组成的两侧有两个低共熔点，MgO 侧的低共熔点组成为

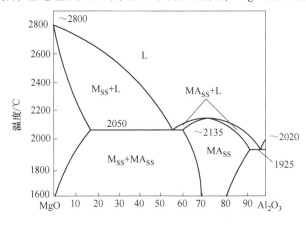

图 1-15 $MgO-Al_2O_3$ 系统相图

w（MgO）= 45%，w（Al_2O_3）= 55%，Al_2O_3 侧的低共熔点组成为 w（Al_2O_3）= 97%，w（MgO）= 3%，其低共熔温度分别为 2050℃ 和 1925℃。由于 MgO 和 Al_2O_3 反应生成尖晶石，约有 5%~8% 的体积膨胀，对镁铝尖晶石合成过程的致密化带来一定困难。镁铝尖晶石的合成属于固相反应，可看成较大半径的氧离子做紧密堆积，而较小半径的镁离子和铝离子在固定的氧离子紧密堆积的框架下相互扩散。

1.2.1.1 烧结镁铝尖晶石砂

烧结合成尖晶石通常以高纯轻烧 MgO（杂质质量分数小于 3%）与工业氧化铝或矾土混磨、压球，入高温回转窑或倒焰窑煅烧。多用于制备水泥窑用方镁石—尖晶石砖。表 1-10 所示为典型富镁尖晶石砂技术指标。

表 1-10　典型富镁尖晶石砂技术指标

化学成分（质量分数）/%						体积密度/g·cm⁻³
IL	SiO$_2$	CaO	MgO	Al$_2$O$_3$	Fe$_2$O$_3$	3.31
0.25	0.23	0.64	47.53	50.78	0.31	

烧结镁铝尖晶石的显微结构特征取决于原料种类及合成工艺参数。实验选择某公司生产的工业氧化铝粉和轻烧氧化镁粉为原料合成的富镁尖晶石。富镁尖晶石主晶相为镁铝尖晶石和方镁石，镁铝尖晶石晶粒尺寸为 10~30μm，晶间分布有粒状的方镁石晶体，尺寸较镁铝尖晶石晶粒小。图 1-15 和图 1-16 所示为典型富镁尖晶石砂的光片形貌和端口形貌。

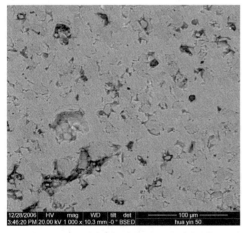 

图 1-16　富镁尖晶石砂的光片形貌　　图 1-17　富镁尖晶石砂的断口形貌

1.2.1.2 电熔镁铝尖晶石砂

电熔镁铝尖晶石以菱镁矿和工业氧化铝为原料，采用电弧炉熔融合成尖晶石，具有工艺简单、合成的尖晶石密度大、晶体大的特点。电熔合成尖晶石常作为精炼炉、滑板等尖晶石制品原料而应用。表 1-11 所示为典型电熔镁铝尖晶石砂技术指标。

表 1-11　典型电熔镁铝尖晶石砂技术指标

化学成分（质量分数）/%							体积密度/g·cm⁻³
IL	SiO$_2$	CaO	MgO	Al$_2$O$_3$	Fe$_2$O$_3$	TiO$_2$	3.40
0.30	2.51	0.60	30.53	61.54	0.73	2.79	

电熔镁铝尖晶石微观结构特征是主晶相镁铝尖晶石，含有少量镁橄榄石，尖晶石结晶完整粗大，在几百微米以上，致密度高。图 1-18 和图 1-19 所示为电熔镁铝尖晶石砂的光片形貌和断口形貌。

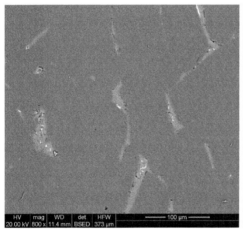 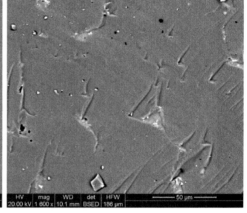

图 1-18　电熔尖晶石砂的光片形貌　图 1-19　电熔尖晶石砂的断口形貌

1.2.2　镁铬尖晶石砂

镁铬尖晶石砂是采用镁质原料（烧结镁砂、天然菱镁矿或海（卤）水氢氧化镁制得的轻烧镁粉）和铬铁矿配合，经人工合成（烧结或电熔）得到的以方镁石基晶和二次尖晶石为主要矿物的镁质复相耐火原料。图 1-20 所示为 MgO-Cr$_2$O$_3$ 系统相图，它与 MgO-Al$_2$O$_3$ 系统极为相似，系统内有一化合物镁铬尖晶石 MgO·Cr$_2$O$_3$，是镁铬尖晶石砂合成的理论基础。通常镁铬尖晶石与镁砂复合制造的镁铬砖，特别是直接结合镁铬砖，广泛用于冶金、建材等工业领域。

目前市场上广泛应用主要是 20 镁铬砂和 36 镁铬砂。通常镁铬砂的牌号根据镁铬砂中氧化铬含量。表 1-12 所示为典型镁铬砂技术指标。镁铬砂显微结构特征是主晶相方镁石和镁铬尖晶石。如图 1-21 和图 1-22 所示为电熔 20 镁铬砂的光片形貌和电熔 36 镁铬砂的光片形貌。图中可以看出灰色的为方镁石主晶相，

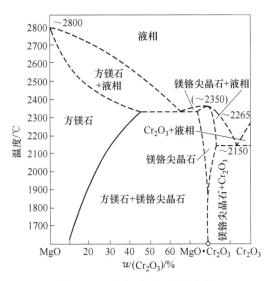

图 1-20　MgO-Cr₂O₃ 系统相图

白色的为脱溶的二次尖晶石，灰白色的为硅酸盐相，方镁石晶粒之间由尖晶石相、硅酸盐相结合。与电熔 20 铬镁铬砂比较，36 铬镁铬砂尖晶石结晶尺寸大，且有尖晶石聚集现象。

表 1-12　典型镁铬砂技术指标

名　称	化学成分（质量分数）/%							体积密度/g·cm⁻³
	IL	SiO₂	CaO	MgO	Al₂O₃	Fe₂O₃	Cr₂O₃	
20 镁铬砂	0.3	0.99	0.98	67.76	3.46	5.81	20.94	3.65
36 镁铬砂	0.48	0.78	0.53	48.72	5.74	8.43	36.12	3.82

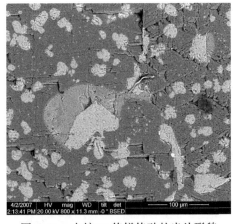

图 1-21　电熔 20 铬镁铬砂的光片形貌

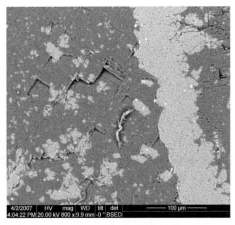

图 1-22　电熔 36 铬镁铬砂的光片形貌

1.2.3 铁铝尖晶石砂

铁铝尖晶石是一种自然界少有的矿物，化学分子式为 $FeAl_2O_4$，通式为 $A^{2+}B_2^{3+}O_4$，属于正尖晶石，为等轴晶系，多呈八面体结晶，其熔点为 1780℃，是 $FeO-Al_2O_3$ 体系中唯一稳定的化合物。铁铝尖晶石具有良好的性质，具有较高的熔点（1780℃），较低的热膨胀系数（25~900℃，$8.2\times10^{-6} \sim 9.0\times10^{-6}$/℃）。当把铁铝尖晶石加入到耐火砖中时，会赋予耐火砖优异的物理化学性能，特别是在水泥回转窑的高温带，使耐火砖具有很优异的挂窑皮能力，这样极高的强度可抵抗因椭圆度、窑皮变性、轮带区域、热震等引起的机械应力所造成的剥落。还可使耐火砖对碱、硫、氯、熟料相等有优异的抗化学侵蚀能力。但在自然界很少存在，必须经人工合成，一般采用电熔法和烧结法合成铁铝尖晶石。

图 1-23 为 $FeO-Al_2O_3$ 系统相图。系统中存在一熔融化合物，熔点 1780℃。在低于 1750℃时是稳定存在的化合物。只有在氧化亚铁 FeO 能稳定存在的区域内，才能保证与 Al_2O_3 形成的化合物是 FeO·Al_2O_3 尖晶石。而在 FeO 稳定存在区域以外的条件下，铁的氧化物与 Al_2O_3 作用得到的产物都很难说是 FeO·Al_2O_3 尖晶石，而可能是含有大量或主要是 $Fe_2O_3-Al_2O_3$ 固溶体。

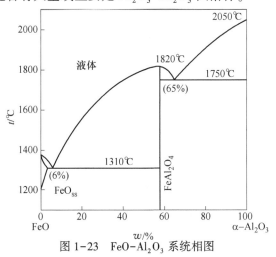

图 1-23 $FeO-Al_2O_3$ 系统相图

图 1-24、图 1-25 是电熔铁铝尖晶石和烧结铁铝尖晶石的显微结构形貌。两者主晶相均为铁铝尖晶石，区别在于：电熔铁铝尖晶石的晶体尺寸大，达几百微米，原料致密度高，但均匀性不高，杂质相多集中分布；而烧结铁铝尖晶石的晶体尺寸在 20~40μm 之间，晶体大小较均匀，原料致密程度不高，含较多的开口气孔，且孔径较大。

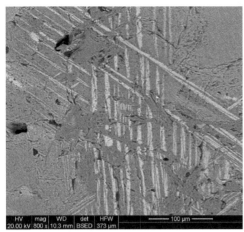

图 1-24 电熔铁铝尖晶石形貌　　　　图 1-25 烧结铁铝尖晶石形貌

1.2.4 合成镁钙砂

合成镁钙砂是生产镁钙系耐火材料的原料，是以低杂质、高纯度的菱镁矿和白云石矿经不同的温度轻烧后，再按照一定的质量比压球，在竖窑或回转窑进行煅烧得到的以方镁石和方钙石为主晶相的碱性耐火原料。目前，国内镁钙砂的生产工艺主要有四种，分别为焦炭竖窑烧结工艺、油竖窑烧结工艺、电熔工艺、回转窑烧结工艺。

图 1-26 所示为 MgO-CaO 系统相图。该系统中 CaO 熔点 2570℃，MgO 熔点 2800℃，系统中无任何化合物，混合物的最低共熔温度也高达 2370℃，共熔组成

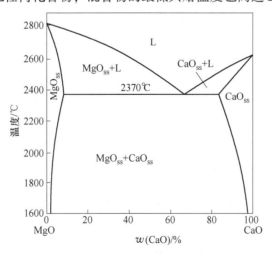

图 1-26 CaO-MgO 系统相图

（质量分数）为 67%CaO，33%MgO。因此，全系统几乎都可以作为耐火材料，事实上它囊括了镁质、镁白云石质、白云石质、石灰质等耐火材料的 MgO/CaO 比组成范围。

1.2.4.1 烧结镁钙砂

以优质白云石矿和菱镁石矿为原料，将轻烧白云石消化与轻烧镁砂粉按质量比共磨，将共磨粉放到混碾机加水搅拌，待水和物料搅拌均匀后压球，自然干燥后，入焦炭竖窑或重油竖窑煅烧。一般称焦炭竖窑烧的镁钙砂为中档镁钙砂，依氧化钙含量不同又有中档 20 镁钙砂和中档 50 镁钙砂之分；重油竖窑烧的镁钙砂称为高纯镁钙砂。表 1-13 所示为各烧结镁钙砂的典型技术指标。

表 1-13 烧结镁钙砂的典型技术指标

名 称	化学成分（质量分数）/%						体积密度/g·cm⁻³
	IL	SiO$_2$	CaO	MgO	Al$_2$O$_3$	Fe$_2$O$_3$	
中档 20 镁钙	0.21	1.08	22.62	74.76	0.45	0.73	3.19
中档 50 镁钙	0.23	0.81	56.78	41.18	0.52	0.48	3.18
高纯 20 镁钙	0.22	0.61	21.63	76.68	0.32	0.55	3.25

如图 1-27 和图 1-28 所示为中档 20 镁钙砂的光片形貌和断口形貌。中档 20 镁钙烧结镁钙砂的显微结构特征是主晶相为方镁石和方钙石两相，图中灰色的为方镁石晶体，白色的为方钙石晶体，两相毗邻生长、相互抑制，方镁石晶体呈浑圆状，尺寸在 10~30μm 之间，方钙石呈不规则粒状分布于方镁石晶间。

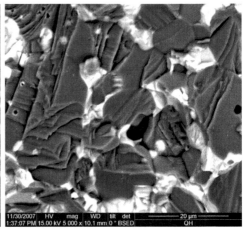

图 1-27 中档 20 镁钙砂的光片形貌 　　　图 1-28 中档 20 镁钙砂的断口形貌

图 1-29 和图 1-30 所示为中档 50 镁钙砂的显微结构特征是主晶相为方镁石和方钙石两相。方钙石构成连续相，将方镁石晶体包裹起来，方镁石晶体尺寸在

5~30μm 之间，以 10μm 左右者居多。

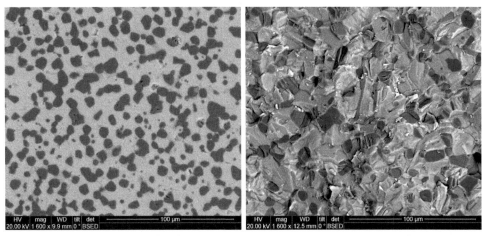

图 1-29　中档 50 镁钙砂的光片形貌　　　图 1-30　中档 50 镁钙砂的断口形貌

图 1-31 和图 1-32 所示为高纯 20 镁钙砂的光片形貌和断口形貌图。可以看出高纯 20 镁钙砂的显微结构特征与中档 20 镁钙砂相似，主晶相为方镁石和方钙石两相，图中灰色的为方镁石晶体，白色的为方钙石晶体。两相毗邻生长、相互抑制，方镁石晶体呈浑圆状，尺寸在 10~30μm 之间，方钙石呈不规则粒状分布于方镁石晶间。不同的是，由于高纯 20 镁钙砂采用重油竖窑烧结，燃料中灰分及挥发分含量较低，烧结温度高，材料气孔率较中档 20 镁钙砂小，且气孔孔径小，材料致密度较高，均匀化程度高。

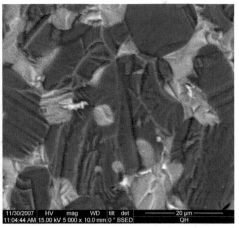

图 1-31　高纯 20 镁钙砂的光片形貌　　　图 1-32　高纯 20 镁钙砂的断口形貌

1.2.4.2 电熔镁钙砂

与烧结镁钙砂相比较，经电熔法制得的镁钙砂除具有高致密度外，还具有良好的抗水化性，因为在电熔的镁钙砂中，由方镁石构成的连续相晶体尺寸较大，晶间分布着呈填隙结构的细小方钙石。表1-14所示为典型电熔镁钙砂技术指标。

表1-14 典型电熔镁钙砂技术指标

化学成分（质量分数）/%						体积密度/g·cm⁻³
IL	SiO_2	CaO	MgO	Al_2O_3	Fe_2O_3	3.29
0.23	0.80	20.08	77.72	0.41	0.76	

图1-33和图1-34所示为电熔镁钙砂的光片形貌和断口形貌。显微结构特征是主晶相为方镁石和方钙石两相，灰色的是方镁石晶体，白色的是方钙石晶体，方镁石晶体尺寸较大，在100～400μm之间，方钙石呈河流状分布于方镁石的晶间。

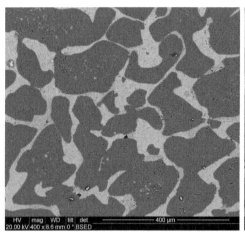 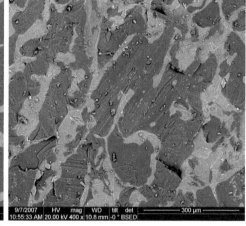

图1-33 电熔镁钙砂的光片形貌　　　图1-34 电熔镁钙砂的断口形貌

1.2.5 镁橄榄石砂

镁橄榄石在自然界有天然矿床，自然界中的橄榄岩，除主成分橄榄石外，有时还含有少量角闪石、尖晶石、磁铁矿、铬铁矿等。颜色为橄榄绿色、黄色，含铁越多，颜色越深，有时呈墨绿色、灰色、灰黑色。它是不含水硅酸盐。硬度6～7，密度3.2～4.0g/cm³。橄榄岩受风化作用，转变成蛇纹岩及含蛇纹岩橄榄岩。表1-15所示为我国各地镁橄榄石矿原料技术指标。

表 1-15 我国各地镁橄榄石矿原料技术指标

产地	SiO_2	MgO	Fe_2O_3	Al_2O_3	CaO	Cr_2O_3	灼减	密度/$g \cdot cm^{-3}$	耐火度/℃
宜昌	32.29	48.05	9.46	0.40	0.66	1.00	2.64	3.11	>1770
陕西	37.84	42.49	9.81	0.13	1.17	1.86	5.90	—	1730~1750
内蒙古	32.40	41.68	5.33	3.52	0.63	0.63~0.76	15.61	2.58	1710
承德	34.70	41.38	8.03	0.28	0.11	0.23	14.77	—	1690~1730

1.2.6 镁锆砂

镁锆砂是将 ZrO_2 引入镁砂中制得 MgO-ZrO_2 复合的耐火原料。镁锆砂与镁砂相比,其制品的高温结构强度、热震稳定性、抗渣浸及渗透能力等都得到改善。20 世纪 90 年代以来,成为耐火材料工作者关注的研究课题之一。

ZrO_2 熔点约 2750℃,镁砂中引入 ZrO_2 对镁砂性能的影响,应主要体现在 ZrO_2 与镁砂中的主成分 MgO 及杂质成分 CaO、SiO_2 等之间的熔融关系。研究表明,ZrO_2 能改变烧结镁砂中相结构和相分布。首先,在 MgO-ZrO_2 二元系中,不存在任何化合物,二者的最低共熔温度高达 2070℃。高温下 MgO 可以部分固溶到 ZrO_2 中,形成稳定的立方 ZrO_2 固溶体;而在富含 MgO 的材料中,ZrO_2 即使在高温下也很少进入 MgO 中形成固溶体。因此,镁锆砂中的 ZrO_2 通常总是作为第二固相孤立于方镁石晶粒之间,降低方镁石晶粒间晶界能,提高界面液相二面角,使得硅酸盐相不像无第二固相存在时那样地将方镁石包裹起来,而变得更为孤立,有助于实现方镁石晶粒间的直接结合。众所周知,ZrO_2 自身对熔渣的润湿性也很差,在方镁石晶粒之间也成为抵御熔渣向晶粒间渗透的"卫士"。其次,在 CaO-ZrO_2 二元系中,按 $n(CaO)/n(ZrO_2) = 1:1$ 形成一化合物锆酸钙 $CaZrO_3$,熔点在 2300℃以上,高熔点 $CaZrO_3$ 的出现改变了硅酸盐相的构成,使得 CaO 的熔剂作用受到限制,以至于无足轻重,而即使少量 ZrO_2 进入液相,也使液相变得更具粘弹性,这些都有助于改善镁砂的高温结构强度、抗热震性和抗渣性。

再次,在 ZrO_2-SiO_2 二元系中,有一化合物 $ZrSiO_4$(锆英石)。锆英石本身为一天然化合物,熔点在 2340~2550℃之间,但它在 1500~1650℃之间分解($ZrSiO_4 \rightarrow ZrO_2 + SiO_2$),分解产物 ZrO_2 为单斜晶相,SiO_2 为无定形玻璃相,冷却又会形成锆英石。但如果在系统中有 CaO 存在时,在 MgO-CaO-ZrO_2-SiO_2 体系中,开始出现液相温度为 1485℃,因此,在 MgO-ZrO_2 体系中,CaO、SiO_2 共存依然是有害的。

1.3 其他原料

1.3.1 氧化铝原料

1.3.1.1 α-Al_2O_3 微粉

α-Al_2O_3 微粉又称活性氧化铝，是 Al_2O_3 所有的变体中密度最大和最稳定的，是经过充分细磨、以原晶尺寸大小 $1\mu m$ 的 α-Al_2O_3 为基本组成的煅烧氧化铝。美国铝业公司于 1935 年研制成板状氧化铝，但他们的板状氧化铝是采用预烧后的工业氧化铝经细磨、成球后在略低于熔点的温度（即 1925℃ 左右）的超高温条件下烧结制备的。由于这种烧结刚玉价格较电熔刚玉便宜，而无论在纯度方面，还是烧结性和高温特性等方面都优于电熔刚玉，美国铝业公司先后在德国、荷兰等国建有分公司生产烧结刚玉。日本于 1965 年开始从美国输入烧结刚玉生产技术，1973 年建成了自己生产烧结刚玉的工厂，其使用范围和数量在逐渐提高和扩大。目前，我国上海、江苏、山东等地很多厂家也在生产烧结刚玉，而且得到了比较致密的烧结刚玉。

烧结刚玉的生产工艺过程，一般是将工业氧化铝预烧，使 γ-Al_2O_3 转化为 α-Al_2O_3，然后再细磨、成球、高温烧成，俗称二步法；也有采用将工业氧化铝即 γ-Al_2O_3 直接细磨、成球、高温烧成的一步法生产烧结刚玉。烧结刚玉的生产工艺，各生产厂家都不尽相同，但都符合下述的基本生产工艺：原料→磨细→混料→成型→干燥→烧成→加工→检验。烧结刚玉的主晶相均为 α-Al_2O_3，但由于煅烧温度及添加物不同，α-Al_2O_3 晶体尺寸及晶粒形貌有一定差异。如 1750~1650℃ 煅烧熟料中的刚玉晶体多为 $5\sim15\mu m$ 的等轴晶体，其中个别晶粒尺寸达 $100\sim200\mu m$，偶然可见 $50\mu m\times200\mu m\sim200\mu m\times400\mu m$ 的菱形晶体，晶粒分布不均匀。1750~1830℃ 煅烧的熟料，平均晶粒尺寸为 $50\sim100\mu m$。1900~1950℃ 煅烧的熟料，等轴晶体尺寸很大，而且多由粗大的菱形晶体组成。1900℃ 煅烧的熟料，α-Al_2O_3 晶体尺寸等于 $50\sim150\mu m$，1950℃ 煅烧的刚玉晶体呈板状或薄片状。而 $1500\pm20℃$ 煅烧的熟料晶体尺寸小于 $10\mu m$，其中有分布不均匀的 $3\mu m\times10\mu m\sim5\mu m\times15\mu m$ 的 α-Al_2O_3 针状结晶。表 1-16 所示为各国用不同方法制备的烧结刚玉熟料技术指标。

表 1-16　各国用不同方法制备的烧结刚玉熟料技术指标

性　质	美　国板状刚玉	日　本板状刚玉	俄罗斯烧结刚玉熟料		中国烧结致密刚玉
			块料	球料	
w（Al_2O_3）/%	>99.5	99.5~99.6	99.1~99.53	99.06~99.4	99.22
w（SiO_2）/%	<0.06	0.06~0.14	0.08~0.16	0.04~0.09	0.25

性质	美国板状刚玉	日本板状刚玉	俄罗斯烧结刚玉熟料		中国烧结致密刚玉
			块料	球料	
w（Fe_2O_3）/%	<0.06	0.05~0.09	0.08~0.15	0.06~0.16	0.05
w（Na_2O）/%	<0.4（T-60） <0.1（T-61）	0.11	0.26~0.43	0.11~0.22	0.07
吸水率/%	<4.0 （平均1.5）	0.7	0.7~2.0	0.1~2.0	0.5~0.7
显气孔率/%	<13.0（T-60） <10.0（T-61） （平均5.0）	2.5	2.6~7.1	0.3~7.0	0.61
密度/g·cm^{-3}	3.65~3.80	3.70	3.64~3.72	3.52~3.82	3.65
真密度/g·cm^{-3}	3.96	3.97	3.98	3.98	3.94
耐火度/℃	2040	—	2040	2040	—
晶粒尺寸/μm				16~30	
多数晶粒/μm	12~40	—	5~30	40×100	<20
菱形晶粒/μm	150×300		15~40	100×300	<50

1.3.1.2 电熔白刚玉

电熔白刚玉是以煅烧氧化铝或工业氧化铝为原料，在电弧炉中高温熔化而成的，Al_2O_3质量分数大于99%，白色块料，显气孔率在6%~10%，主晶相α-Al_2O_3，晶体为长条形和菱形。由于纯度较高，在电炉作业中不发生化学反应，但熔融液相的温度、冷却速度等对块料的结构有很大影响。在均质方面，关键在于获得致密度料块。原料中的Na_2O凝固时形成β-Al_2O_3，容易聚集在料块的中央部位，会对耐火材料带来不利影响，所以必须注意原料中Na_2O含量。

1.3.1.3 电熔棕刚玉

电熔棕刚玉是以天然铝矾土矿为原料，以碳素（焦炭或无烟煤）做还原剂，同时加入铁屑为沉淀剂，以形成硅铁沉淀在电炉炉底，在电弧炉内经2250℃以上高温精炼制成。棕刚玉呈棕褐色、韧性好，一般Al_2O_3质量分数大于94.5%。矿物组成以α-Al_2O_3为主，晶体形状中心部分为菱形、厚板形核带有裂纹的颗粒，周边有较多的SiO_2、CaO熔体结晶，呈长板状。由于杂质因素，棕刚玉原料中往往伴随有六铝酸钙、钙斜长石、尖晶石、金红石等次晶相以及玻璃相。表1-17为典型棕刚玉技术指标。

表 1-17　典型棕刚玉技术指标

原料	化学成分（质量分数）/%				物理性质	
	Al_2O_3	SiO_2	Fe_2O_3	TiO_2	耐火度/℃	密度/g·cm^{-3}
棕刚玉	≥94.5	≤1.5	≤0.3	≤3.5	≥1850	≥3.90

1.3.1.4　电熔亚白刚玉

电熔亚白刚玉是在还原气氛和控制条件下电熔特级和一级铝矾土矿而得的，熔融时加入还原剂、沉淀剂和脱碳剂。在冶炼过程中，前期以过量的还原剂将 TiO_2 还原除去，在冶炼后期加入脱碳剂或吹氧以除去过量的碳，从而得到亚白色的电熔刚玉。通常 Al_2O_3 质量分数大于98%，显气孔率小于4%，刚玉结晶一般为粒状，尺寸在 $1 \sim 15\mu m$。主要杂质矿物包括六铝酸钙、金红石、钛酸铝及其固溶体。

1.3.1.5　低钠亚白刚玉

低钠亚白刚玉除具有亚白刚玉的纯度高、自锐性好、磨削能力强、化学性质稳定，耐酸碱腐蚀等特性外，还具有超越普通亚白刚玉耐高温性能的优点。

1.3.1.6　高铝矾土熟料

高铝矾土熟料耐火度高达1780℃，化学稳定性强、物理性能良好。耐火材料行业所称的铝矾土通常是指煅烧后 $w(Al_2O_3) \geq 48\%$、而含 Fe_2O_3 较低的铝土矿，高铝矾土熟料是经过煅烧的铝矾土矿。熟料为灰白浅黄及深灰色，可用来制作电熔棕刚玉，也可以用于镁质复相耐火材料中。

1.3.2　氧化铬原料

氧化铬原料通常以 Cr_2O_3 微粉形式引入，Cr_2O_3 微粉具有比较细的颗粒度，可以充分合理地填充在镁质复相耐火材料级配的料隙之间，降低耐火材料的烧结温度，促进烧结的顺利进行，并且可以显著改善镁质材料的抗热震性能和高温抗蠕变性能。

1.3.3　氧化锆原料

1.3.3.1　锆英石

锆英石也称为锆石或硅酸锆，其化学式为 $ZrO_2 \cdot SiO_2$，理论组成（质量分数）含 $ZrO_2$76.2%，$SiO_2$32.8%。锆英石在高温下会发生分解，生成单斜 ZrO_2 和非晶态 SiO_2。自1540℃开始缓慢分解，1650℃保温2h可以有10%的锆英石分解，当温度超过1700℃时，分解速度加快，1870℃分解量达到95%。

1.3.3.2　斜锆石

斜锆石是一种含游离氧化锆90%（质量分数）以上的天然矿物原料，同时

还含有 SiO_2、Al_2O_3、Fe_2O_3、TiO_2 等杂质。斜锆石属于单斜晶系，矿石为不规则的块状，颜色呈黄色、褐色或黑色。莫氏硬度 6.5，密度 $5.5 \sim 6.0 g \cdot cm^{-3}$，熔点 $2500 \sim 2950 ℃$。斜锆石为低温稳定相，加热到 $1170 ℃$ 转变为四方相 ZrO_2，并伴随有 7% 的体积膨胀，加热到 $2370 ℃$ 转变成立方相 ZrO_2。

1.3.3.3 氧化锆

ZrO_2 是由锆英石提炼出来的，从锆英石中提炼 ZrO_2 主要有两种方法：化学法和电熔法。化学法制备 ZrO_2 是将锆英石精矿加入到高温苛性钠中，反应生成锆酸钠。将锆酸钠用浓盐酸洗涤，制得氧氯化锆。在水溶液中加入氨水生成氢氧化锆沉淀，于 $1000 ℃$ 左右分解即可得到 ZrO_2。电熔法是一个脱硅富锆的还原熔融过程。在 $2700 ℃$ 下的电弧炉内，锆英石可分解为液态的 ZrO_2 和 SiO_2，SiO_2 又分解成气态的 SiO 和 O_2。在炉内加入一定量的还原剂消耗 O_2，降低氧分压，从而促进反应进行，达到脱硅富锆的目的。一般采用碳做还原剂。碳还原溶剂中的杂质如 TiO_2、Fe_2O_3，反应生成 Ti、Fe 等，并与 Si 形成硅铁合金沉到炉底，与炉中的富锆熔体分离，从而使 ZrO_2 富集。向镁质复相耐火材料中添加 ZrO_2 可以一定程度上提高镁质复相耐火材料的热震稳定性。

1.3.4 二氧化钛原料

二氧化钛原料通常是指 TiO_2 白色固体或粉末状的两性氧化物，又称钛白。熔点 $1830 \sim 1850 ℃$，沸点 $2500 \sim 3000 ℃$。自然界存在的 TiO_2 有三种变体：金红石为四方晶体；锐钛矿为四方晶体；板钛矿为正交晶体，且高温时都会转变为金红石型。具有半导体的性能，它的电导率随温度的上升而迅速增加，而且对缺氧也非常敏感，属于热稳定性好的物质。

2 镁质复相耐火材料制品

镁基复相耐火材料是以方镁石为主晶相，耐火材料基体中形成与主晶相相关的第二相的一类镁质材料。镁基复相耐火材料制品中氧化镁的引入可通过电熔镁砂、烧结镁砂和镁质合成砂等。镁质复相耐火材料制品主要包括镁砖、镁尖晶石砖、镁铬砖、镁铁铝砖、镁白云石砖、镁锆砖及镁质浇注料、镁质不烧砖及镁质多孔材料等。本章重点介绍烧成类镁质复相耐火材料制品的组成及结构。

2.1 镁砖

镁砖主要包括普通镁砖、中档镁砖、高纯镁砖、电熔镁砖（再结合镁砖）。普通烧成镁砖，通常简称为烧镁砖（镁砖），是生产量最大、应用最广的碱性砖。我国菱镁矿质地优良，储量丰富，镁砖质优价廉，在国内外市场享有很高的声誉。

镁砖显微结构其实就是镁砂显微结构的组合，一种镁砂制造的镁砖显微结构最简单，只不过基质部分比较疏松，气孔较多。不同级别镁砂制成的镁砖，其显微结构差别明显。采用杂质含量高的镁砂制造的镁砖，硅酸盐相多，MgO 晶体呈圆形，直接结合率低；原料杂质含量少，采用超高温烧成的镁砖，硅酸盐减少，直接结合率高，MgO 质量分数在 98% 以上的镁砖中，MgO 晶体呈自形、半自形晶。真正的晶间直接结合，只有在不含硅酸盐和晶间气孔的材料中方能达到最大限度。但反映在高温力学性质上，却呈现出相反的结果，譬如海水镁砂砖的荷重软化温度高于 1700℃，一般烧结镁砖为 1500~1600℃。

2.1.1 普通镁砖

用于生产镁砖的镁砂主要有天然镁砂和海水镁砂两种。我国镁砖绝大部分是由前者制造的。表 2-1 为典型烧镁砖的理化指标。镁砂中的 MgO 质量分数在 89%~98% 之间。极限粒度一般选择 3~5mm。

表 2-1 典型烧镁砖的理化指标

化学指标（质量分数）/%					物理指标			
SiO_2	Al_2O_3	Fe_2O_3	CaO	MgO	显气孔率/%	体积密度/g·cm^{-3}	常温耐压强度/MPa	荷重软化温度/℃
4.16	0.77	0.76	1.93	92	10.9	3.08	126	1620

实验选用两种级别镁砂配料，以91烧结镁砂和97高纯镁砂颗粒为骨料，高纯镁砂为细粉制成的普通烧镁砖。普通烧镁砖的显微结构特征如图2-1和图2-2所示，砖中整体致密度较高，气孔含量低，但以贯通气孔为主，孔径较大，主晶相为方镁石，砖中以硅酸盐相的胶结结合为主。

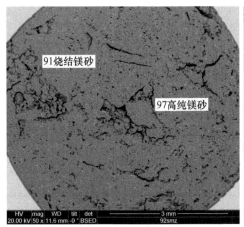 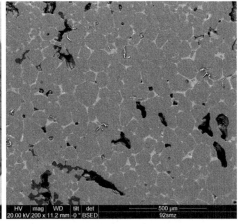

图2-1 普通镁砖的显微结构形貌　　　　图2-2 胶结结合的烧镁砖形貌

2.1.2 中档镁砖

实验选用一种级别镁砂制造，即骨料和基质部分全部选用95中档镁砂。中档镁砖的显微结构特征比较简单，与中档镁砂接近。不过是砖体致密度较低，气孔量偏多，这是由于中档镁砂中的硅酸盐相含量相对较少，导致胶结结合程度不高所致。表2-2为典型中档镁砖的理化指标。

表2-2 典型中档镁砖的理化指标

化学指标（质量分数）/%					物理指标			
SiO_2	Al_2O_3	Fe_2O_3	CaO	MgO	显气孔率/%	体积密度/g·cm^{-3}	常温耐压强度/MPa	荷重软化温度/℃
1.96	0.4	0.76	1.77	94.81	14.7	2.98	70	1700

图2-3为中档镁砖的显微结构形貌，试样整体结构疏松，气孔量偏高；图2-4显示基质部分气孔量较高，胶结结合程度不如普通镁砖。这就解释了中档镁砖的体积密度和耐压强度较普通烧镁砖的低，显然，简单地以制品的体积密度和常温耐压强度来判断制品的高温性能是不科学的。

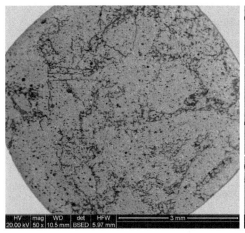

图 2-3 中档镁砖的显微结构形貌 图 2-4 疏松的基质形貌

2.1.3 高纯镁砖

实验选用一种级别镁砂制造，即骨料和基质部分全部选用高纯镁砂。高纯镁砖的显微结构特征比较简单，与高纯镁砂接近。不过是基质部分较疏松，气孔率较大。表 2-3 为典型高纯镁砖的理化指标。

表 2-3 典型高纯镁砖的理化指标

化学指标（质量分数）/%					物理指标			
SiO_2	Al_2O_3	Fe_2O_3	CaO	MgO	显气孔率/%	体积密度/g·cm⁻³	常温耐压强度/MPa	荷重软化温度/℃
0.84	0.17	0.77	1.25	96.65	13.2	3.01	85	1700

图 2-5 为高纯镁砖的显微结构形貌，试样整体结构疏松，气孔量偏高，与中档镁砖不同的是砖中封闭气孔含量较高。图 2-6 是基质部分的显微结构特征，基质部分气孔量较高，胶结结合程度低。由此可见，镁砂纯度越高，硅酸盐相含量越低，越不易烧结，需要的烧结温度越高。

2.1.4 电熔镁砖（再结合镁砖）

以电熔镁砂为原料，是电熔镁砖（再结合镁砖）的工艺基础，电熔镁砖的显微结构特征基本与电熔镁砂的结构相同，方镁石—方镁石间直接结合程度高，因此再结合镁砖的致密度高、高温性能优良，其耐水化性能也优于普通镁砖。缺点是热震稳定性较差。表 2-4 为典型电熔镁砖的理化指标。

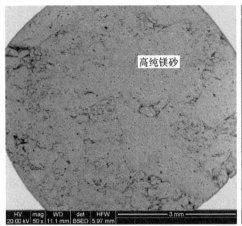

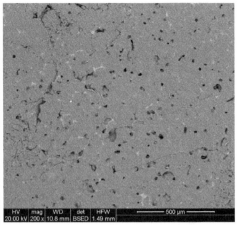

图 2-5 高纯镁砖的显微结构形貌   图 2-6 基质部分形貌

表 2-4 典型电熔镁砖的理化指标

化学指标（质量分数)/%					物理指标			
SiO_2	Al_2O_3	Fe_2O_3	CaO	MgO	显气孔率 /%	体积密度 /g·cm^{-3}	常温耐压 强度/MPa	荷重软化 温度/℃
1.25	0.22	0.66	0.89	96.78	12.1	3.08	84	1700

实验选用一种级别镁砂制造，即骨料和基质部分全部选用 98 电熔镁砂。电熔镁砖的显微结构特征比较简单，与 98 电熔镁砂接近。基质部分较疏松，气孔率较大。图 2-7 为 98 电熔镁砂的显微结构特征，骨料和基质结构有明显差别，骨料表面光滑，致密程度高；基质部分较疏松，气孔量大。图 2-8 为电熔镁砖基

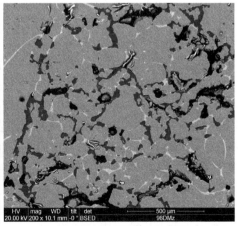

图 2-7 电熔镁砖显微结构形貌   图 2-8 电熔镁砖基质形貌

质部分形貌，基质中气孔率较高，原因是电熔镁砂纯度较高，杂质含量少，导致不易烧结。

2.2　镁尖晶石砖

2.2.1　镁铝尖晶石砖

镁铝尖晶石以其高熔点、良好的热震稳定性及抗熔渣侵蚀性等一系列优良性能而在耐火材料及其他工业领域得到了广泛的应用。目前，制备镁铝尖晶石的最常用方法是固相反应合成法，即以氧化物、氢氧化物或碳酸盐为原料，将原料混合压坯后在高温下（大于 1400℃）反应制备尖晶石。电熔法是工业上另一种常用的合成尖晶石的方法，此种方法也存在能耗大等缺点。而如溶胶—凝胶法、水热法等湿化学法虽然能在较低温度下合成尖晶石，但是其操作工艺复杂、所需设备昂贵、成本太高而无法满足大规模工业生产的需要。

国内外关于利用不同原料合成制备镁铝尖晶石的研究较多。Sarkar 等研究随着氧化铝煅烧温度的增加，氧化铝基体致密度程度增大，在低温条件下没有显著改变合成镁铝尖晶石的烧结致密性。Tripatihi 等研究轻烧氧化镁反应活性对合成镁铝尖晶石烧结致密性的影响，经 1650~1750℃ 煅烧后材料结构中形成大量镁铝尖晶石。Machenzie 等研究不同镁源对合成镁铝尖晶石烧结性能的差别，以氢氧化镁为镁源通过机械活化后 850℃ 煅烧可以形成镁铝尖晶石，而未经过机械活化处理的氢氧化镁在 1250℃ 才出现少量镁铝尖晶石。

镁铝尖晶石还具备一些突出的特点，$MgO·Al_2O_3$ 与 $MgO·Fe_2O_3$ 可以任何比例形成固溶体，高温下固溶于 MgO 中的 $MgO·Fe_2O_3$ 可能被转移到 $MgO·Al_2O_3$ 中，优先形成固溶体，使 $MgO·Fe_2O_3$ 降低 MgO 塑性的不良影响受到抑制。炼钢窑炉中的温度波动一般都很大，这种环境下，MgO 的膨胀百分率为 1.0%~2.3%，而 $MgO·Al_2O_3$ 只有 0.6%~1.15%，合成尖晶石 0.2MPa 荷重软化温度高达 1920~1960℃，在低于 1600℃ 条件下能保持较高的弹性机械性质，蠕变实验中尖晶石的变形率较方镁石低一半左右。向 MgO 中引入 Al_2O_3，使其在高温下形成尖晶石，新生尖晶石存在于方镁石颗粒表面，形成方镁石颗粒边界间尖晶石层，这种制品称为镁铝或镁尖晶石制品。研究和应用都表明，这些相结构和尖晶石的优越性能，使得镁铝或镁尖晶石制品具有耐高温、高温强度高、热震稳定性好、抗渣性强等特点。

以镁砂和镁铝尖晶石砂为原料生产的镁铝尖晶石砖，通常称为镁铝（方镁石—尖晶石砖）。用于生产方镁石尖晶石砖的镁砂原料，要求有尽量低的杂质含量（尤其是 CaO）。国产烧结镁砂 MS95、MS97、MS97.5、DMS97 的使用较普遍。采用尖晶石砂作颗粒料，以镁砂作细粉和部分颗粒料，按照高档镁铝砖的混炼、成形、烧成工艺生产，可制造出高温性能好，热震稳定性高的产品。镁铝尖晶石砖常用于水泥回转窑、玻璃窑格子体、混铁炉及耐火材料窑炉中温度变化大的区段。

本节选择某公司生产的以电熔镁砂和烧结镁铝尖晶石砂为原料，两种原料都是颗粒料。制品烧成过程的反应主要是通过方镁石与尖晶石颗粒间的互扩散实现晶间直接结合。如图2-9所示，表面致密光滑的为电熔镁砂颗粒，气孔率较大、表面粗糙的是烧结镁铝尖晶石砂（富镁尖晶石）。

镁铝尖晶石的显微结构特征实际是镁砂显微结构和镁铝尖晶石显微结构的组合，表2-5为典型镁铝尖晶石砖的理化指标。为了提高基质部分的直接结合程度，有的厂家选择在基质部分加入少量α-氧化铝粉，烧成过程中形成二次镁铝尖晶石新相，"桥接"方镁石晶体，如图2-10所示，可以提高材料高温强度。

表 2-5 典型镁铝尖晶石砖的理化指标

化学指标（质量分数）/%					物理指标			
SiO_2	Al_2O_3	Fe_2O_3	CaO	MgO	显气孔率/%	体积密度/g·cm^{-3}	常温耐压强度/MPa	荷重软化温度/℃
0.49	11.69	0.27	1.08	81.04	17.4	2.89	55	1700

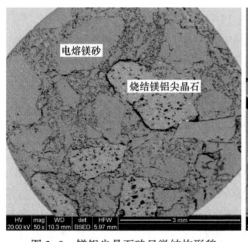

图 2-9 镁铝尖晶石砖显微结构形貌　　图 2-10 "桥接"方镁石的二次镁铝尖晶石

2.2.2 镁铬尖晶石砖

通常用于生产镁铬尖晶石砖制品的原料主要为镁砂、铬矿、合成镁铬砂，有时加入少量添加剂。不同 MgO 质量分数（一般大于89%）的烧结镁砂和电熔镁砂，与不同 Cr_2O_3 质量分数的耐火级铬矿、铬精矿、烧结或电熔合成的镁铬砂相配合（有时加入少量铬绿），生产出很多品种牌号的镁铬制品。现今商业交往流行最广的品种提法有普通镁铬砖、直接结合镁铬砖、再结合（半再结合）镁铬砖和不烧镁铬砖等。

2.2.2.1　普通镁铬砖

普通镁铬砖一般是由烧结镁砂（MgO 质量分数在 89%~92% 之间）和耐火级铬矿为原料生产的，由于杂质多，耐火晶粒间为硅酸盐结合。国内通常所说的镁铬砖，一般是指烧成的普通镁铬砖，也称硅酸盐结合镁铬砖，简称镁铬砖，其理化指标见表 2-6。普通镁铬砖生产工艺简单，售价便宜，被广泛应用于水泥回转窑（Cr_2O_3 质量分数很少超过 14%）、玻璃窑蓄热室、炼钢炉衬、精炼钢包永久层、有色冶金炉、石灰窑、混铁炉及耐火材料高温窑炉内衬等。

表 2-6　典型镁铬砖的理化指标

化学指标（质量分数）/%						物理指标			
SiO_2	Al_2O_3	Fe_2O_3	CaO	MgO	Cr_2O_3	显气孔率/%	体积密度/$g \cdot cm^{-3}$	常温耐压强度/MPa	荷重软化温度/℃
1.12	2.02	3.18	1.30	83.45	9.43	12.1	3.08	84	1700

由于 $MgO \cdot Cr_2O_3$ 在 MgO 中有较大的固溶度，在低共熔温度 2350℃ 可高达 47%，当温度下降溶解度减少，1600℃ 约 11%，1400℃ 约 5%，1200℃ 约 2.5%，1000℃ 几乎完全脱溶。这样，在电熔镁铬砂或制造镁铬砖时，欲使高温下 $MgO \cdot Cr_2O_3$ 能作为第二固相存在，引入数量必须考虑它在相应温度下的固溶量。同时与 $MgO-MgO \cdot Al_2O_3$ 分系统相似，高温高浓度固溶体单一相向低温低浓度固溶体与 $MgO \cdot Cr_2O_3$ 沉析物两相共存的脱溶作用，为高密、高强直接结合镁铬砖的制造工艺技术提供了重要依据，这也是近年来高温使用的高质量直接结合镁铬砖趋于提高 Cr_2O_3 质量分数的理由之一。

铬矿和镁砂的加入比例，根据产品对 Cr_2O_3 质量分数的要求和铬矿中 Cr_2O_3 实际质量分数计算确定。粒级的选择以产品的使用环境而调整。最通常的做法是将铬矿以颗粒组分加入，镁砂以细粉和部分颗粒组分加入。在强调镁铬砖热震稳定性时，常加大铬矿的颗粒极限或增加铬矿粗颗粒的比例；当强调镁铬砖的抗侵蚀性时，以镁砂与部分铬矿共磨细粉的形式加入。

普通镁铬砖的显微结构特征如图 2-11 所示，每一铬矿粒子都被硅酸盐镶边围绕着。方镁石晶体，特别是基质部分的方镁石晶体也同样被硅酸盐薄膜包围如图 2-12 所示。铬矿粒子周围的硅酸盐镶边来源于脉石矿物。这些脉石存在于解理裂缝和晶体边界处，组成不定，通常为 CaO/SiO_2 比小于 2 的镁硅酸盐。

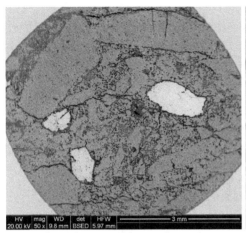 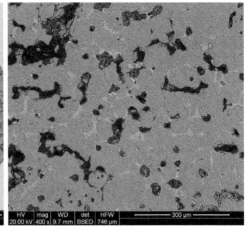

图 2-11 普通镁铬砖显微结构形貌　　　图 2-12 硅酸盐胶结的基质形貌

2.2.2.2 直接结合镁铬砖

直接结合镁铬砖和普通镁铬砖生产工艺的主要区别在于前者采用杂质含量少的原料和比较高的温度烧成。表 2-7 为典型直接结合镁铬砖的理化指标。

表 2-7　典型直接结合镁铬砖的理化指标

化学指标（质量分数）/%						物理指标			
SiO_2	Al_2O_3	Fe_2O_3	CaO	MgO	Cr_2O_3	显气孔率 /%	体积密度 /g·cm^{-3}	常温耐压 强度/MPa	荷重软化 温度/℃
1.59	2.70	4.53	1.08	75.57	14.53	16.4	3.11	50	1700

用于生产直接结合镁铬砖的镁砂，MgO 质量分数一般大于 95%，最好大于 97%，颗粒体积密度为 3.25g/cm³ 左右，铬矿中的 SiO_2 质量分数一般限定在 3% 以下，采用铬精矿时，SiO_2 质量分数可低于 1.0%。根据不同的需要和用途，有时可选用 1~2 种镁砂和 1~2 种铬矿进行配料。水泥窑用直接结合镁铬砖，一般以镁砂作细粉料和部分颗粒料，而以铬矿作颗粒料配入，Cr_2O_3 质量分数为 3%~14%；用作冶金炉衬的直接结合镁铬砖，有时需要 Cr_2O_3 质量分数尽量高一些（如 20%），当以较纯镁砂和铬矿共磨细粉作基质时，制品烧成时往往发生膨胀。直接结合镁铬砖一般是指由杂质含量较低的铬矿和较纯的镁砂，在 1700℃ 以上的温度下烧成的制品，耐火物晶粒之间多为直接接触。直接结合作为一个显微结构参数，不只可以应用于镁铬材料，也可应用于其他材料。直接结合概念首先是由镁铬材料提起的。1959 年，Laming 借助偏光显微镜，在透射光下观察经 1800℃ 烧成和重烧的镁铬砖，发现其镁砂和铬矿之间紧密接触，硅酸盐被排挤到颗粒的角落里，故称这种现象为方镁石—方镁石和方镁石—铬矿直接结合。英国陶瓷学

会组织许多知名耐火材料权威对他的报告进行讨论，称赞其为"镁铬砖生产工艺的技术革命"。随之，J·Laming、A·Hayhurst、H·M·Powers 以及 V·Dreser 和 W·H·Boyer 认为，凡于 1700℃ 以上温度烧成的砖为高温烧成砖。到 1964 年，开始明确地称其为直接结合砖。然而，直到现在，直接结合仍是一个定性的概念，如何鉴定和评价直接结合镁铬砖并没有形成可操作的统一准则及质量标准。

　　直接结合镁铬砖的化学成分中，杂质成分少，耐火物晶粒之间直接结合率高，因而抗渣性和高温性能好。直接镁铬砖的显微结构特征主要是镁砂—铬矿间的直接结合，如图 2-13 和图 2-14 所示。即高温下通过 Mg^{2+}、Cr^{2+}、Al^{3+}、Fe^{3+} 离子间的相互迁移和扩散，实现材料的直接结合。

图 2-13　直接结合镁铬砖显微结构形貌　　　图 2-14　镁砂—铬矿间的直接结合

2.2.2.3　电熔再结合（半再结合）镁铬砖

　　通常人们把由电熔镁铬砂制作的镁铬砖称为再结合镁铬砖，而将加入部分电熔镁铬砂的制品称为半再结合镁铬砖，其理化指标见表 2-8。从显微结构高温晶相直接结合这一特点出发，再结合、半再结合镁铬砖是直接结合率更高的直接结合砖。由于直接结合镁铬砖，再结合（半再结合）镁铬砖都有杂质含量低、高温（超高温）烧成的特点，也有称此类产品为高温烧成（超高温烧成）镁铬砖的。

表 2-8　典型电熔再结合镁铬砖的理化指标

化学指标（质量分数）/%						物理指标			
SiO_2	Al_2O_3	Fe_2O_3	CaO	MgO	Cr_2O_3	显气孔率/%	体积密度/g·cm⁻³	常温耐压强度/MPa	荷重软化温度/℃
0.65	10.9	6.46	0.77	57.21	22.66	9.9	3.37	129	1700

采用合成镁铬砂，是生产再结合、半再结合镁铬砖的工艺基础。

电熔再结合镁铬砖的显微结构比较复杂，如图 2-15 所示。其中最重要内容是镁砂—铬矿之间的反应，不管采用何种工艺烧成，都将发生两种重要结果：直接结合和二次尖晶石化。可以说，直接结合和二次尖晶石化是镁铬系耐火材料生产工艺的理论基础。方镁石—方镁石、方镁石—尖晶石之间的直接结合程度，决定着制品的一系列技术性能，甚至使用效果。二次尖晶石化是实现直接结合的重要途径。所谓二次尖晶石即经高温处理或化学反应形成的、与原始铬矿组成不同的尖晶石。主要有三种类型：

（1）晶间尖晶石—液相析晶。镁铬砖中的硅酸盐相主要来自铬矿中的脉石。脉石在铬矿中的分布是不均匀的，因此，熔化后形成的液相分布也难均匀，会局部富集。铬矿表面溶于液相后，重新析出的大多是自形二次尖晶石，如图 2-16 所示。

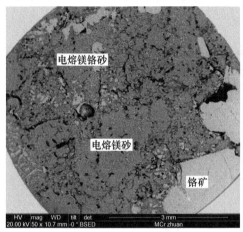 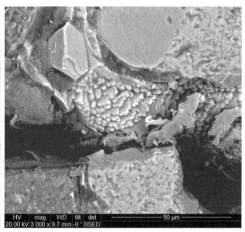

图 2-15　电熔再结合镁铬砖形貌　　　　图 2-16　晶间二次尖晶石形貌

（2）过渡组成尖晶石。过渡组成尖晶石是指铬矿或尖晶石与方镁石之间形成的反应带，呈组成渐变的过渡区域，这样的反应层带对直接结合的贡献最大，有些部位实现相间"熔接"，有些呈现微裂纹，如图 2-17 所示。

（3）脱溶尖晶石。方镁石晶内的脱溶相为第三种形式的尖晶石，它对相间直接结合没有作用，但对改变方镁石固溶体的性质有重要作用，可以提高抗酸性介质的侵蚀；改善抗热震性和韧性，如图 2-18 所示。

2.2.3　镁铝铬尖晶石砖

镁铝铬尖晶石砖体系即为方镁石/镁铝铬尖晶石系统：$MgO-R_2O_3$（Cr_2O_3、Al_2O_3）系统。为便于比较镁铝铬制品的生产，向 MgO 中引入 Cr_2O_3 多以铬矿形式，制造过程常常是 Cr_2O_3、Al_2O_3、Fe_2O_3 这些倍半氧化物相伴出现。虽然它们

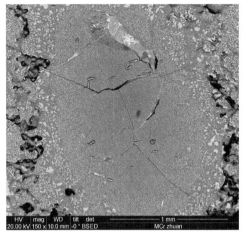

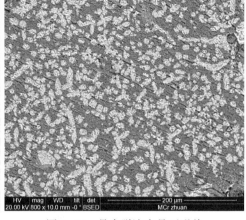

图 2-17 过渡组成尖晶石形貌 图 2-18 晶内脱溶尖晶石形貌

相互之间可以任何比例互溶，但它们各自对 MgO 的溶解度差异较大，对材料的结构与性能会有不同影响，故这里将三个二元系富 MgO 部分，即高温下倍半氧化物在方镁石中的固溶度，如图 2-19 和图 2-20 所示。

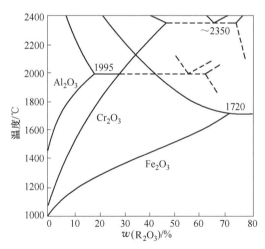

图 2-19 高温条件下 R_2O_3 在 MgO 中的固溶度

由图 2-19 和图 2-20 可知，R_2O_3 在 MgO 中的溶解度 $Fe_2O_3 \gg Cr_2O_3 > Al_2O_3$，在硅酸盐液相中 $Fe_2O_3 \gg Al_2O_3 > Cr_2O_3$。而耐高温性能方面，$MgO-MgO \cdot Cr_2O_3$ 系最为优越，$MgO-MgO \cdot Al_2O_3$ 系次之，$MgO-MgO \cdot Fe_2O_3$ 系最差。因为现实中，无论多么纯净的 $MgO-R_2O_3$ 系统，总会含有少量 SiO_2，高温下形成硅酸盐液相。但少量硅酸盐液相的存在，不会改变 $MgO-R_2O_3$ 系统自身的一些相变规律，所以这里仍作为二元系进行讨论。

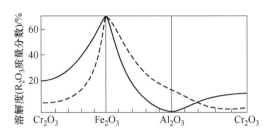

图 2-20　R_2O_3 在 1700℃ 条件下溶解度随其比例改变的变化关系
—— —在 MgO 中的溶解度；⋯⋯—在硅酸盐溶液中的溶解度

首先，从耐高温、抗渣性角度，在 $MgO-R_2O_3$ 系统中，$MgO-MgO \cdot Cr_2O_3$ 系具有优越性，这除了它有较高的共熔温度（2350℃）外，还在于 Cr_2O_3 在硅酸盐液相中的较低溶解度。众所周知，较低的溶解度应有较强的析晶能力，能有效地降低晶格间界面能，使硅酸盐液相趋于向晶粒间隙中移动呈孤立状，易实现方镁石晶粒间或通过镁铬尖晶石搭桥的直接结合，可有效提高高温强度和抑制熔渣渗透，提高抗渣性。但 Cr_2O_3 挥发性比较高，高温下，特别在真空条件下稳定性较差。

其次，从抗热震性这个角度，$MgO-MgO \cdot Al_2O_3$ 系更具优越性。因为高温下 $MgO \cdot Al_2O_3$ 或 Al_2O_3 在 MgO 中的固溶—胶溶作用较 $MgO \cdot Cr_2O_3$ 或 Cr_2O_3、尤其 $MgO \cdot Fe_2O_3$ 或 Fe_2O_3 弱得多，而 $MgO \cdot Al_2O_3$ 在 1600℃ 以上高温蒸气压也比 $MgO \cdot Cr_2O_3$ 低，因此，$MgO-MgO \cdot Al_2O_3$ 系材料在温度波动时较为稳定，具有良好的抗热震性。

比较 $MgO-MgO \cdot Al_2O_3$ 与 $MgO-MgO \cdot Cr_2O_3$ 系统，在 MgO/R_2O_3 比例一定的情况下，可以推测，熔融 $MgO-MgO \cdot Al_2O_3$ 系材料，方镁石晶粒内的沉析尖晶石较少，而晶间尖晶石较多，而 $MgO-MgO \cdot Cr_2O_3$ 系材料则有较多的晶内沉析尖晶石和较少的晶间尖晶石。显然，改变 R_2O_3 中各成分比例，则可调整尖晶石相的分布，改变显微结构。

2.2.4　镁铁铝尖晶石砖

镁铁铝尖晶石砖主要应用于水泥窑烧成带，水泥窑烧成带用传统耐火材料多以镁铬质耐火材料为主，由于用后镁铬砖中可溶解于水中的剧毒六价铬会造成严重的环境污染。寻找水泥窑的无铬化替代产品得到了专家的公认，氧化镁—铁铝尖晶石砖是由 RHI 公司于 20 世纪 90 年代提出的，它是将镁砂和预合成的铁铝尖晶石混合成型，在一定的工艺下高温烧成。现在已被广泛地应用于水泥回转窑的炉衬，替代镁铬砖。

本文选择某公司生产的用于回转窑烧成带的镁铁铝尖晶石砖，理化指标见表 2-9。骨料由电熔铁铝尖晶石砂、电熔镁砂和高纯镁砂三种颗粒组成。

表 2-9   典型镁铁铝尖晶石砖的理化指标

化学指标（质量分数）/%					物理指标			
SiO$_2$	Al$_2$O$_3$	Fe$_2$O$_3$	CaO	MgO	显气孔率 /%	体积密度 /g·cm^{-3}	常温耐压 强度/MPa	荷重软化 温度/℃
1.17	3.84	4.56	1.51	88.92	15.0	2.90	75	1700

镁铝尖晶石的显微结构特征比较复杂，以镁砂显微结构和铁铝尖晶石显微结构的组合为主，镁砂和铁铝尖晶石界面之间通过 Mg^{2+}、Al^{3+}、Fe^{2+} 离子间的相互扩散，紧密结合，实现材料的直接结合，如图 2-21 和图 2-22 所示。

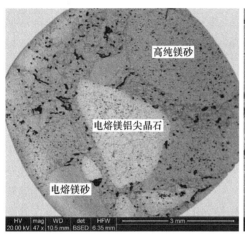

图 2-21   镁铁铝尖晶石砖低倍形貌

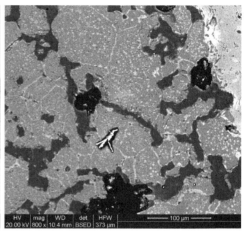

图 2-22   Al^{3+}、Fe^{2+} 离子在方镁石中的固溶—脱溶

2.3   镁白云石砖

镁白云石属于镁钙系耐火材料制品。镁白云石砖是以白云石砂、镁白云石砂、镁砂为原料，加入无水结合剂混炼，经高压成形，再经高温烧成制备的烧成镁白云石砖。表 2-10 为典型镁白云石砖的理化指标。镁钙系耐火材料是一种优质的碱性耐火材料，对炉渣和金属具有很好的化学稳定性，并具有较高的脱硫率，起着净化钢液的作用，特别适用于冶炼纯净钢、低硫钢及超低碳钢。目前，市场上主要以 CaO 质量分数 30% 以下的镁钙材料为主。

本文分别选取 CaO 质量分数 44% 的高钙镁白云石砖和 CaO 质量分数 21% 的低钙镁白云石砖。其显微结构特征有区别，高钙镁钙砖的显微结构特征如图 2-23 和图 2-24 所示，骨料由中档 50 钙镁钙砂一种颗粒组成，基质部分引入部分电熔镁砂，骨料致密度高，基质部分较疏松，因为原料纯度较高，且方镁石—方

表 2-10 典型镁白云石砖的理化指标

名 称	化学指标（质量分数）/%					物理指标			
	SiO$_2$	Al$_2$O$_3$	Fe$_2$O$_3$	CaO	MgO	显气孔率 /%	体积密度 /g·cm^{-3}	常温耐压 强度/MPa	荷重软化 温度/℃
40 镁钙砖	0.93	0.61	0.55	44.34	52.71	14.3	2.87	70	1700
20 镁钙砖	1.14	0.65	1.00	20.91	73.81	6.5	2.92	70	1700

钙石间不形成二元化合物，只是少量固溶，导致材料直接结合强度低；低钙镁钙砖的显微结构特征如图 2-25 和图 2-26 所示，骨料和基质由中档 20 钙镁钙砂组成，因中档 20 钙砂中杂质含量高，烧成过程中易形成液相结合，导致制品致密度高，气孔率小。

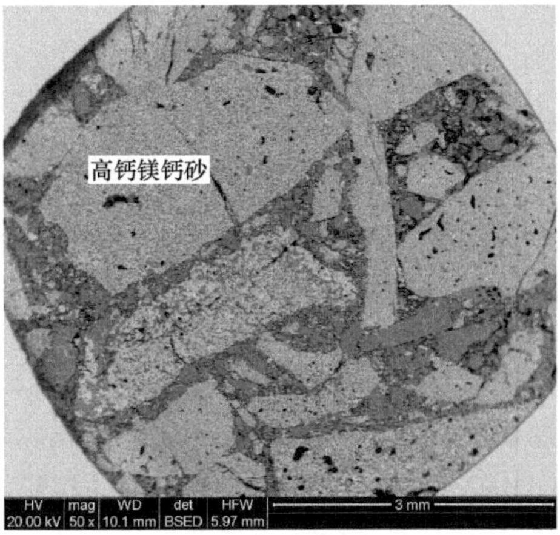

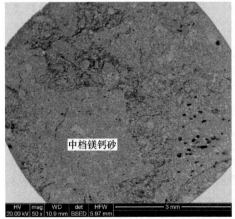

图 2-23 高钙镁钙砖显微结构形貌

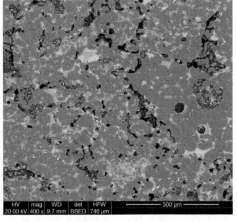

图 2-24 高钙镁钙砖基质部分形貌

图 2-25 低钙镁钙砖显微结构形貌

图 2-26 低钙镁钙砖基质部分形貌

2.4 镁锆砖

以镁砂和含锆原料生产的通常称为镁锆砖。传统玻璃窑用镁砖耐侵蚀性差，因此开发出了抗侵蚀性极好的镁锆砖，在玻璃窑上部分替代镁砖使用。这类制品的优势在于：砖坯在烧成过程中，含在结合基质中的硅酸锆发生转变，细颗粒的硅酸锆和细颗粒的氧化镁反应生成镁橄榄石（Mg_2SiO_4）和 ZrO_2。两种耐侵蚀相形成了全部基质。此外，氧化镁粗颗粒的边缘也由于类似的反应形成羽绒状的镁橄榄石和 ZrO_2 组成的覆盖层，此层可以保护保留的氧化镁不受到侵蚀。很明显，在砖坯烧成过程中，砖料发生的反应会使砖致密。制品的显气孔率比一般碱性砖低 2%～3%，低气孔率的砖有较好的抗渗透性，当然也有较好的抗侵蚀性。表 2-11 为典型镁锆砖的理化指标。

表 2-11　典型镁锆砖的理化指标

化学指标（质量分数）/%						物理指标			
SiO_2	Al_2O_3	Fe_2O_3	CaO	MgO	ZrO_2	显气孔率/%	体积密度/g·cm^{-3}	常温耐压强度/MPa	荷重软化温度/℃
6.06	0.32	0.45	1.25	79.34	12.58	15.3	3.10	76	1700

$MgO-ZrO_2 \cdot SiO_2$ 质耐火材料在烧成过程中，基质中的 $ZrO_2 \cdot SiO_2$ 首先分解为 $f-ZrO_2$ 和 SiO_2，后者又与 MgO 结合为 $2MgO \cdot SiO_2$，细小的 $f-ZrO_2$ 晶粒悬浮在硅酸盐液相中。随着烧成温度的提高，$f-ZrO_2$ 的悬浮粒子逐步聚晶长大并从硅酸盐相中解脱出来。由于 $f-ZrO_2$ 不被硅酸盐相所润湿，迫使硅酸盐相逐步向气孔（裂纹）和高温固相三晶交接处迁移并聚集成团块，最后以团块状存在于气孔（裂纹）一侧和高温固相的三晶交接处。

在烧成过程中，少部分 $f-ZrO_2$ 还会通过镁砂颗粒中的方镁石晶粒晶界向深部迁移、聚晶，形成 $f-ZrO_2$ "桥"，将方镁石连接起来，并隔断晶界和气孔（裂纹）。同时，硅酸盐相则向气孔（裂纹）一侧和三晶交接处迁移凝聚形成团块。处在含锆制品中的 ZrO_2 团聚体，在烧成过程中有迁移、聚集的趋势，小的 ZrO_2 团聚体经扩散、熔解、沉积过程逐步消失，较大的 ZrO_2 团聚体逐步长大，在 MgO 颗粒间形成更大的 ZrO_2 团聚体。

本节选用某公司生产的玻璃窑用镁锆砖，该砖以电熔镁砂和锆英石为原料，典型显微结构特征是：细颗粒的硅酸锆和细颗粒的氧化镁反应生成镁橄榄石（Mg_2SiO_4）和 ZrO_2，镁橄榄石相包裹方镁石晶体，镁砂中的硅酸盐相逸出，如图 2-27 和图 2-28 所示。

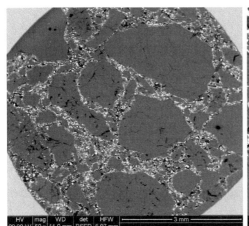 

图 2-27 镁锆砖显微结构形貌　　　　　图 2-28 基质部分显微结构形貌

　　对以上镁质复相耐火材料制品的显微结构研究发现，对于高温烧成制品，制品的显微结构特征不只是原料显微结构特征的组合，还包含高温下各组分间的物理化学作用、晶体的再结晶长大、各组分间的结合类型、结合程度等诸多特征，相应的显微结构特征变得复杂。

3 镁质复相耐火浇注料

3.1 镁质浇注料

镁质浇注料具有耐火度高、荷重软化温度高、对金属和碱性渣抗侵蚀性等优点，具有广阔发展前景。本节重点介绍添加剂对镁质浇注料性能的影响。

3.1.1 镁质浇注料原料

试验选用的 5~3mm、3~1mm、1~0mm 电熔镁砂和小于 0.074mm 的高纯镁砂作为主要原料，通过添加二氧化硅微粉制备凝胶结合镁质浇注料。添加剂包括氧化铝微粉、氧化铬微粉、铝铬渣、焦宝石和碳化硅细粉，试验原料及添加剂化学指标见表 3-1。试验用碳化硅添加剂为工业用碳化硅细粉。

表 3-1　试验原料化学组成（质量分数）　　　　　　　（%）

原　　料	SiO_2	Al_2O_3	MgO	CaO	Fe_2O_3	Cr_2O_3
5~3mm、3~1mm、1~0mm 电熔镁砂	0.63	0.13	98.25	0.42	0.44	–
小于 0.074mm 高纯镁砂	0.54	0.15	97.52	0.83	0.55	–
二氧化硅微粉	97.5	0.12	–	0.16	–	–
氧化铝微粉	0.15	99.10	–	–	–	–
氧化铬微粉	–	0.12	–	–	0.02	99.23
铝铬渣细粉	5.07	70.70	3.45	1.21	0.63	11.20
焦宝石细粉	52.17	44.32	–	0.34	1.34	–

3.1.2 镁质浇注料配方

试验基础配方中骨料和细粉质量分数分别为62%和38%，试验浇注料骨料包括 5~3mm、3~1mm 和 1~0mm 电熔镁砂，基质为高纯镁砂细粉、二氧化硅微粉和添加剂。试验配方见表 3-2。

表 3-2 试验配方（质量分数） （％）

原　料	0 号	1 号	2 号	3 号	4 号	5 号
5~3mm、3~1mm 电熔镁砂	44	44	44	44	44	44
1~0mm 电熔镁砂	18	18	18	18	18	18
二氧化硅微粉	3	3	3	26	21	16
防爆剂（外加）	0.1	0.1	0.1	0.1	0.1	0.1
减水剂（外加）	0.15	0.15	0.15	0.15	0.15	0.15
高纯镁砂细粉	35	30	30	30	30	30
氧化铝微粉	–	5	–	–	–	–
氧化铬微粉	–	–	5	–	–	–
铝铬渣细粉	–	–	–	5	–	–
焦宝石细粉	–	–	–	–	5	–
碳化硅细粉	–	–	–	–	–	5

3.1.3 镁质浇注料制备与检测

将试验物料按表 3-2 配方置于搅拌桶中，对物料进行混炼，加水量为 5%～7%；混炼后物料振动成型，成型尺寸 40mm×40mm×160mm；室温养护 24 h 后试样于 110℃干燥 24 h；干燥后试样分别在 1100℃和 1500℃条件下，保温 2 h 烧成，随炉冷却至室温。

对热处理后镁质浇注料试样按不定形耐火材料检测标准进行体积密度、显气孔率、常温耐压强度、热震稳定性检测。热震稳定性检测通过计算热震前后试样常温耐压强度保持率来间接反映，试验对经过 1500℃保温 2 h 烧后镁质浇注料试样进行 1 次 1100℃水冷热循环后，对试样常温耐压强度进行检测。

3.1.4 镁质浇注料性能分析

3.1.4.1 不同添加剂对镁质浇注料体积密度、显气孔率的影响

图 3-1、图 3-2 分别为不同添加剂对镁质浇注料试样体积密度和显气孔率的影响图。从图中不同添加剂对经过 110℃保温 24 h 干燥后浇注料试样体积密度影响可以看出，加入添加剂均不同程度提高了镁质浇注料试样的体积密度。经过 1100℃和 1500℃烧后的镁质浇注料试样中，加入氧化铝微粉的镁质浇注料试样的体积密度最高；加入焦宝石细粉的镁质浇注料经 1500℃烧后试样体积密度最小；加入铝铬渣的镁质浇注料经 1100℃烧后试样体积密度最小；分析认为镁质浇注料中加入氧化铝微粉有利于原位镁铝尖晶石的生成，镁质浇注料基质中形成方镁石/镁铝尖晶石复相结构提高了烧后镁质浇注料基质的致密度。焦宝石作为一种经

过高温煅烧后的天然矿物，反应活性相对较差，加入焦宝石的烧后镁质浇注料试样体积密度相对较小。而加入氧化铬微粉的镁质浇注料经 1100℃ 和 1500℃ 烧后试样体积密度明显增大，说明提高煅烧温度有利于浇注料试样致密性的增大。加入碳化硅的镁质浇注料随着煅烧温度增加，碳化硅材料的氧化作用以及氧化形成的二氧化硅均会促进镁质浇注料中高温相镁橄榄石的生成，形成镁橄榄石/镁铝尖晶石复相结构。由于碳化硅材料的氧化作用，经 1500℃ 烧后镁质浇注料较经 1100℃ 烧后镁质浇注料试样体积密度增大趋势相对不明显。从图 3-1 和图 3-2 可以看出不同添加剂对镁质浇注料试样显气孔率的影响与不同添加剂对镁质浇注料试样体积密度的影响表现出相反的趋势。

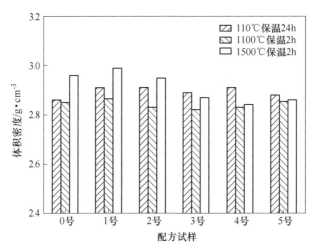

图 3-1   不同添加剂对镁质浇注料试样体积密度的影响

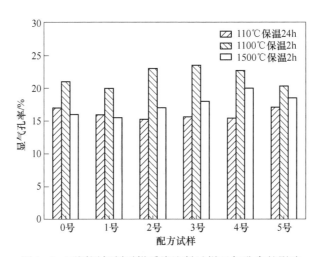

图 3-2   不同添加剂对镁质浇注料试样显气孔率的影响

3.1.4.2 不同添加剂对镁质浇注料常温耐压强度的影响

图 3-3 为不同添加剂对镁质浇注料常温耐压强度的影响图。从图中 110℃ 干燥后镁质浇注料常温耐压强度的变化趋势可以看出，加入不同添加剂的镁质浇注料干燥后试样常温耐压强度变化不大。加入氧化铬微粉的镁质浇注料经 1100℃ 和 1500℃ 烧后试样常温耐压强度最大，氧化铬微粉与浇注料基质中高纯镁砂形成镁铬尖晶石增加了镁质浇注料的直接结合程度，有利于镁质浇注料常温耐压强度的增大；加入铝铬渣的镁质浇注料经 1500℃ 烧后试样的常温耐压强度最小，加入焦宝石的镁质浇注料经 1100℃ 烧后试样的常温耐压强度最小。结合镁质浇注料烧后试样体积密度和显气孔率的分析结果，焦宝石熟料反应活性较弱，不利于镁质浇注料烧后试样常温耐压强度增大；加入碳化硅的镁质浇注料高温氧化形成的高活性二氧化硅与电熔镁砂形成稳定的镁橄榄石结合相，方镁石/镁橄榄石的复相结构提高了镁质浇注料烧后试样的常温耐压强度。

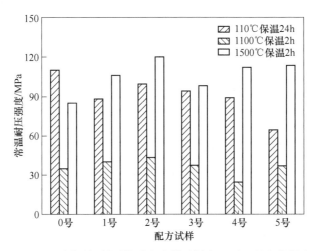

图 3-3　不同添加剂对镁质浇注料试样常温耐压强度的影响

3.1.4.3 不同添加剂对镁质浇注料热震稳定性的影响

图 3-4 为不同添加剂对镁质浇注料热震前后试样常温耐压强度以及常温耐压强度保持率的影响趋势图。从图中镁质浇注料热震前后常温耐压强度保持率的变化趋势可以看出，加入氧化铝微粉的镁质浇注料试样热震前后常温耐压强度保持率最大，试样的热震稳定性最好。分析认为镁质浇注料中由于氧化铝加入，浇注料基质中形成方镁石/镁铝尖晶石复相结构。方镁石与镁铝尖晶石均为等轴晶系，方镁石的热膨胀系数约为镁铝尖晶石的热膨胀系数的 2 倍，二者差距较大，烧后浇注料试样结构中形成的微小裂纹组织可以分散烧后镁质浇注料试样由于温度变化所形成的热应力，阻止裂纹的扩展，提高浇注料试样的抗热震性。加入碳化硅的镁质浇注料经高温氧化以及形成镁橄榄石的过程中，虽然镁质浇注料中形成了

镁橄榄石/方镁石复相结构，但由于镁橄榄石属于正交晶系，属于耐热震性差的矿物，并且二者热膨胀系数相差不大，因此结构中形成微小裂纹的可能相对较小或较少，不利于提高镁质浇注料的热震稳定性，加入碳化硅的镁质浇注料的热震稳定性最差。加入氧化铬、铝铬渣和焦宝石的镁质浇注料热震稳定性均高于未加入添加剂的 0 号试样的热震稳定性。分析认为加入氧化铬的镁质浇注料形成镁铬尖晶石或镁铝铬尖晶石固溶体可以提高镁质浇注料的热震稳定性，而加入铝铬渣的镁质浇注料与加入氧化铬配方试样相似，镁质浇注料中易形成镁铬尖晶石和镁铝铬尖晶石固溶体，加入焦宝石的镁质浇注料，高温条件下形成堇青石的可能性较高，形成的结构复相材料也有利于提高镁质浇注料的热震稳定性。

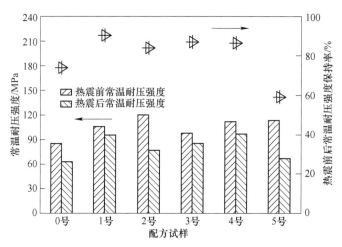

图 3-4　不同添加剂对镁质浇注料试样热震稳定性的影响

　　镁质浇注料中加入氧化铝微粉，经 1100℃ 和 1500℃ 烧后试样体积密度最大，显气孔率最小，镁质浇注料基质中形成的方镁石/镁铝尖晶石复相结构有利于提高试样热震前后常温耐压强度保持率，试样的热震稳定性相对较好。加入焦宝石细粉的镁质浇注料经 1500℃ 烧后试样体积密度最小，加入铝铬渣的镁质浇注料经 1100℃ 烧后试样体积密度最小。加入氧化铬微粉的镁质浇注料经 1100℃ 和 1500℃ 烧后试样体积密度明显增大，说明提高煅烧温度有利于浇注料试样致密性的增大。加入氧化铬、铝铬渣和焦宝石的镁质浇注料热震稳定性均高于未加入添加剂的镁质浇注料试样的热震稳定性。

3.2　镁铝质浇注料

　　镁质浇注料存在抗渗透性差和热震稳定性差的缺点，而镁铝浇注料在结构中引入预合成镁铝尖晶石相或由于自身的烧结作用形成再生尖晶石相，形成方镁石和镁铝尖晶石共存的复相结构，提高材料的各项性能。本节以电熔镁砂为骨料，以电熔镁砂、氧化铝微粉为主要基质，以二氧化硅微粉为结合剂形成凝胶结合镁铝浇注料，研究二氧化钛及含二氧化钛的铝钛渣对镁铝浇注料烧结性能的影响。铝钛渣和铝铬渣是铁合金生产过程中形成的一种工业废弃材料，主要成分为氧化铝、二氧化钛和氧化铬，研究分析铝钛渣用于镁铝浇注料对于提高工业废弃物回收再利用具有重要意义。

3.2.1 镁铝质浇注料原料

电熔镁砂颗粒及细粉：$w(MgO) = 97.5\%$，$w(SiO_2) = 1.05\%$，$w(CaO) = 0.85\%$，$w(Fe_2O_3) = 97.5\%$；氧化铝微粉：$w(Al_2O_3) = 99.10\%$，$w(SiO_2) = 0.15\%$；铝钛渣：$w(Al_2O_3) = 66.92\%$，$w(TiO_2) = 12.16\%$；铝铬渣：$w(Al_2O_3) = 70.7\%$，$w(TiO_2) = 11.2\%$；二氧化硅微粉：$w(SiO_2) = 97.5\%$；二氧化钛和氧化铬为分析纯。

3.2.2 镁铝质浇注料配方

浇注料配比分为两组。第一组配比为：电熔镁砂骨料加入量（质量分数）为62%，电熔镁砂细粉和氧化铝微粉加入量（质量分数）为35%，二氧化硅微粉加入量（质量分数）为3%，二氧化钛外加量（质量分数）分别为0.5%、1%、1.5%、2%。以不加入二氧化钛试样作为参考试样。第二组配比为：电熔镁砂骨料加入量（质量分数）为62%，电熔镁砂细粉加入量（质量分数）为35%，二氧化硅微粉加入量（质量分数）为3%，根据铝钛渣化学组成中二氧化钛与氧化铝的比例关系分别外加铝钛渣（质量分数）为2%、4%、6%、8%。第三组配比为：电熔镁砂骨料加入量（质量分数）为62%，电熔镁砂细粉和氧化铝微粉加入量（质量分数）为35%，二氧化硅微粉加入量（质量分数）为3%，氧化铬外加量（质量分数）分别为0.5%、1%、1.5%、2%。以不加入氧化铬试样作为参考试样。第四组配比为：电熔镁砂骨料加入量（质量分数）为62%，电熔镁砂细粉加入量（质量分数）为35%，二氧化硅微粉加入量（质量分数）为3%，根据铝铬渣化学组成中氧化铬与氧化铝的比例关系分别外加铝铬渣（质量分数）为2%、4%、6%、8%。

3.2.3 镁铝质浇注料制备与检测

将各种原料置于搅拌桶中，加入5%~7%的水混炼均匀。制成40mm×40mm×160mm的试样，室温养护24h后脱模，检测试样经过110℃保温24h、1100℃保温2h和1500℃保温2h进行热处理，热处理后检测试样的体积密度、显气孔率、常温抗折强度、常温耐压强度和经过1100℃、1500℃后的烧后线变化。

3.2.4 镁铝质浇注料性能分析

3.2.4.1 二氧化钛对镁铝浇注料性能影响

图 3-5、图 3-6 分别为二氧化钛对镁铝浇注料体积密度和显气孔率的影响图，从图中可以看出随着二氧化钛加入量的增加，经过 110℃、1100℃、1500℃ 热处理后的是体积密度都呈现降低趋势，同时热处理后试样的显气孔率呈升高趋势。其中经过 110℃ 干燥后的试样经过 1100℃ 处理后体积密度减小，显气孔率增大。再经过 1500℃ 处理后，试样的体积密度再次明显增大，显气孔率明显减小。说明热处理温度直接影响了试样的体积密度和显气孔率。热处理温度增加促进了烧结过程的致密化。而从 110℃ 干燥后的试样经过 1100℃ 处理后体积密度降低的情况分析，干燥后试样由于采用凝胶结合，结构中应该存在结晶水，经过 1100℃ 热处理后，结晶水消失造成试样体积密度降低及显气孔率增加。110℃ 处理后试样体积密度随着二氧化钛增加而增加的现象，分析认为：二氧化钛提高了二氧化硅微粉形成凝胶的流动性，使结构更加均匀致密。而经过 1100℃ 和 1500℃ 处理后的试样体积密度和显气孔率呈现的变化关系，分析认为：二氧化钛在高温作用促进镁铝尖晶石的形成，二氧化钛起到了矿化剂的作用，形成镁铝尖晶石数量增加，镁铝尖晶石的形成伴随着约 8% 体积膨胀，造成试样显气孔增加、体积密度降低的现象。

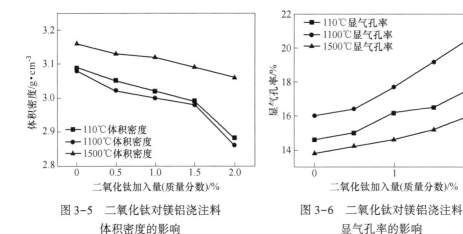

图 3-5 二氧化钛对镁铝浇注料   图 3-6 二氧化钛对镁铝浇注料
　　体积密度的影响　　　　　　　　　　　显气孔率的影响

图 3-7 和图 3-8 为二氧化钛对镁铝浇注料常温抗折强度和常温耐压强度的影响图。从图中常温抗折强度和常温耐压强度变化趋势可以看出：经 110℃ 干燥后试样的常温抗折强度和常温耐压强度变化不大，略有增大趋势。经过 1100℃ 热处理后试样强度比经 110℃ 干燥后试样的常温强度变化较大，说明采用凝结结合方式结合的试样中温强度较低。1100℃ 热处理过程使试样在常温状态下形成凝胶网

络结构造成了破坏。经过 1500℃保温 2h 后，试样的常温抗折强度和常温耐压强度有所增加，尤其试样的常温抗折强度增加明显。经过 1100℃到 1500℃的热处理温度增加，提高了试样中各物相的烧结作用。尤其基质中形成镁铝尖晶石相起到了搭桥作用，二氧化钛的引入促进了镁铝尖晶石的形成。随着二氧化钛加入量增加，这种促进作用更为明显，试样的烧结性能及强度逐渐增大。

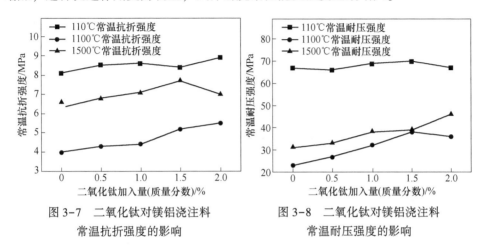

图 3-7　二氧化钛对镁铝浇注料　　　　图 3-8　二氧化钛对镁铝浇注料
　　　常温抗折强度的影响　　　　　　　　　常温耐压强度的影响

图 3-9 为二氧化钛对镁铝浇注料烧后线变化的影响，未添加二氧化钛的试样经 1100℃热处理后比经过 110℃干燥后试样的线变化为-0.5%，说明经过 1100℃热处理后，试样结构中已经发生了烧结作用，烧结过程使结构变得致密。经过1500℃热处理后的试样的线变化及体积变化更大，线变化达到 0.8%。随着二氧化钛加入量增加，热处理后试样收缩情况逐渐减小。当二氧化钛加入量（质量分数）大于 1.0%时，1100℃处理后试样的线变化大于零，出现膨胀现象。同时当二氧化钛加入量（质量分数）大于 1.5%左右时，1500℃处理后试样也出现了膨

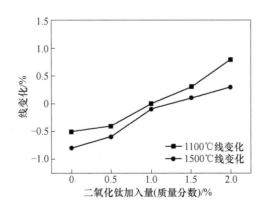

图 3-9　二氧化钛对镁铝浇注料烧后线变化的影响

胀现象。这种现象也说明了以上的分析，随着二氧化钛加入量的增加，促进了结构中镁铝尖晶石的形成，形成镁铝尖晶石伴随的体积膨胀作用反映在宏观数据上就是试样的烧后线变化逐渐增大，显气孔率逐渐增大。

3.2.4.2　铝钛渣对镁铝浇注料性能的影响

图 3-10 为铝钛渣对镁铝浇注料烧后线变化的影响图，其中未添加铝钛渣的试样经过 1100℃和 1500℃热处理后线变化率为 -0.8% 和 -1.2%，试样均表现出了收缩情况，说明经过 1100℃和 1500℃热处理后，试样结构中已经发生了烧结作用。同样发现随着铝钛渣加入量增加，热处理后试样收缩情况逐渐减小。当铝钛渣加入量（质量分数）大于 6% 时，1100℃处理后试样的线变化大于零，出现膨胀现象。分析认为铝钛渣主要成分为氧化铝和二氧化钛，铝钛渣的主要矿相为刚玉相和钛酸铝相。铝钛渣中的钛酸铝相在 750~1300℃发生分解反应，反应生成二氧化钛和氧化铝。分析认为钛酸铝分解形成的氧化铝具有良好活性容易与基质中的电熔镁砂发生反应形成镁铝尖晶石，因此随着铝钛渣加入量的增加，试样的线变化呈现增大趋势。

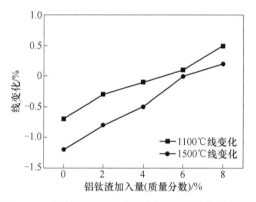

图 3-10　铝钛渣对镁铝浇注料烧后线变化的影响

图 3-11 和图 3-12 为铝钛渣对镁铝浇注料体积密度和显气孔率的影响图。从图中可以发现两种现象：第一，热处理温度直接影响试样的体积密度和显气孔率，随着热处理温度由 110℃增加到 1100℃，然后增加到 1500℃，试样的体积密度呈现出先减小后增大的现象，而试样的显气孔率呈现先增大后减小的现象。分析认为：经 110℃热处理试样的结构强度仍然来源于二氧化硅凝胶所形成的网络结构。经 1100℃热处理后试样结构中的硅凝胶网络结构受到破坏，导致热处理后试样体积密度降低，显气孔增大。第二，热处理后试样的体积密度随着铝钛渣加入量的增加而减小，而显气孔率随着铝钛渣加入量增加而增大。分析认为铝钛渣加入量的增加，提高了试样中二氧化钛的含量。通过 3.2.3 节的分析，发现二氧化钛促进了镁铝尖晶石的形成，起到了矿化剂的作用。而形成镁铝尖晶石的过程

伴随着试样的体积膨胀，因此出现了图 3-13 和图 3-14 所示的现象。同时考虑铝钛渣中钛酸铝矿相的分解反应导致了材料结构中形成裂纹也会使试样的显气孔量增加。

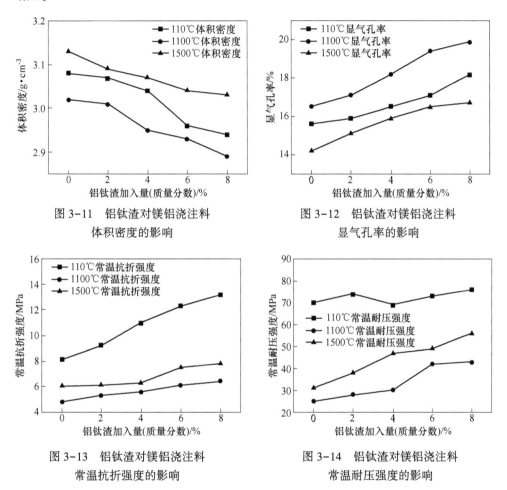

图 3-11　铝钛渣对镁铝浇注料
体积密度的影响

图 3-12　铝钛渣对镁铝浇注料
显气孔率的影响

图 3-13　铝钛渣对镁铝浇注料
常温抗折强度的影响

图 3-14　铝钛渣对镁铝浇注料
常温耐压强度的影响

图 3-13 和图 3-14 为铝钛渣对镁铝浇注料常温抗折强度和常温耐压强度的影响图。从图中可以看出热处理后试样经 110℃ 处理后的试样强度最大，而经过1100℃ 热处理后的试样强度最小。这也充分证明了上述的分析结果。1100℃ 的热处理导致材料中网络结构的破坏，导致试样的中温强度降低。而随着热处理温度增加到 1500℃ 时，试样中各物相的烧结性能逐渐增强，试样的常温强度逐渐增大。同样可以发现：随着铝钛渣加入量的增加，试样的常温强度也在逐渐增加，烧结性能也在逐渐提高。分析认为铝钛渣中二氧化钛对结构中形成镁铝尖晶石具有促进作用以外，铝钛渣中的杂质对镁铝浇注料热处理过程中形成液相有利，高温液相在试样冷却后形成玻璃相，玻璃相的形成提高了材料的常温强度。研究发

现：随着二氧化钛和铝钛渣加入量增加试样的体积密度减小、显气孔率增大、常温抗折强度和常温耐压强度增大、烧后线变化逐渐增大的现象，主要是源于二氧化钛的矿化作用。二氧化钛和铝钛渣对改变镁铝浇注料的烧结性能上表现出相似效果。铝钛渣自身分解反应及所含杂质对改变镁铝浇注料的性能具有一定的促进作用。

3.2.4.3 氧化铬对镁铝浇注料性能影响

图 3-15、图 3-16 分别为氧化铬对镁铝浇注料体积密度和显气孔率的影响图。从图中可以看出随着氧化铬加入量的增加，经过 1100℃ 保温 2h 和经过 1500℃ 保温 2h 的热处理后试样体积密度都呈现降低趋势，试样的显气孔率呈升高趋势。而经过 110℃ 干燥后的试样体积密度和显气孔率随氧化铬加入量增加变化趋势不明显。经过 1500℃ 热处理后的试样的体积密度比经过 1100℃ 热处理后的试样的体积密度要高。热处理温度的增加促进了浇注料烧结过程的致密化。经过 110℃ 热处理后的试样结构处于凝胶结合状态，经过 1100℃ 热处理后，结构中结晶水消失造成浇注料体积密度降低及显气孔率增加。经过 1100℃ 和 1500℃ 处理后的浇注料体积密度和显气孔率呈现的变化关系，分析认为：氧化铬在高温作用促进基质中电熔镁砂与氧化铝形成镁铝尖晶石；氧化铬的引入也有利于结构中形成镁铬尖晶石，同时镁铝尖晶石与镁铬尖晶石的固溶特征使结构中尖晶石数量逐渐增加，镁铝尖晶石的形成伴随的体积膨胀使得结构中裂缝和气孔增多以及浇注料体积密度降低。

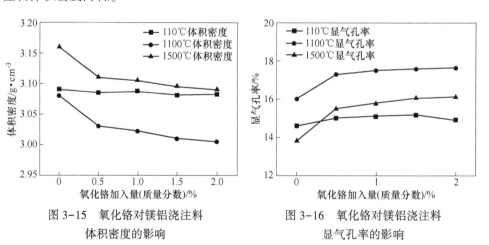

图 3-15　氧化铬对镁铝浇注料　　　　图 3-16　氧化铬对镁铝浇注料
体积密度的影响　　　　　　　　　显气孔率的影响

图 3-17、图 3-18 为氧化铬对镁铝浇注料常温抗折强度和常温耐压强度的影响图。从图中热处理后镁铝浇注料试样常温抗折强度和常温耐压强度变化趋势可以看出：经 110℃ 热处理后的镁铝浇注料试样的常温抗折强度和常温耐压强度随着氧化铬加入量增加变化不大。分析认为经 110℃ 热处理后的镁铝浇注料的结合

强度主要来源于二氧化硅凝胶本身，与氧化铬的加入及加入量关系不大。而从经1100℃热处理后镁铝浇注料试样常温抗折强度和常温耐压强度变化趋势上看，随着氧化铬加入量增加，热处理后试样的常温强度呈现增大趋势，说明加入氧化铬对镁铝浇注料中温强度增加有利，中温条件下氧化铬参与了镁铝浇注料中物相的固相反应。1500℃热处理试样的常温抗折强度和常温耐压强度变化趋势也说明了氧化铬参与了镁铝浇注料中物相的相互作用，从图3-17和图3-18可以看出随着氧化铬加入量的增加，镁铝浇注料的常温强度呈增加趋势。分析认为氧化铬参与镁铝浇注料在高温条件下的固相反应，氧化铬与氧化镁在高温条件下，通过固相反应形成原位镁铬尖晶石，与原位形成的镁铝尖晶石形成固溶体。镁铝铬尖晶石的形成对镁铝浇注料高温形成直接结合创造更多条件。

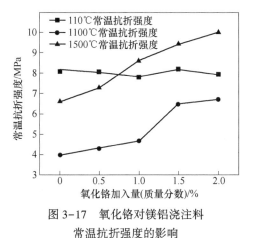

图 3-17 氧化铬对镁铝浇注料
常温抗折强度的影响

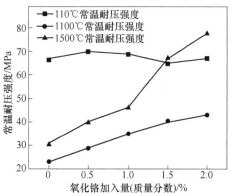

图 3-18 氧化铬对镁铝浇注料
常温耐压强度的影响

图3-19为氧化铬对镁铝浇注料烧后线变化的影响图。镁铝浇注料试样经过1100℃和1500℃热处理后，试样的线变化分别为-0.5%和-0.8%。说明镁铝浇注料试样在两个温度下已经发生了烧结作用，烧结过程使得结构变得致密。从图3-19中也可以发现随着氧化铬加入量增加，热处理后试样收缩情况逐渐减小。当氧化铬加入量（质量分数）为0.5%时，1100℃处理后镁铝浇注料试样的体积变化不大。当氧化铬加入量（质量分数）大于0.5%时，镁铝浇注料热处理后出现了膨胀现象。而当氧化铬加入量（质量分数）为1.0%时，1500℃处理后镁铝浇注料试样体积变化不大，当氧化铬加入量（质量分数）大于1.0%时，镁铝浇注料经1500℃热处理后也出现了微膨胀现象。结合以上试样致密度和常温强度变化情况分析，随着氧化铬加入量的增加，镁铝浇注料结构中镁铝铬尖晶石量增加，形成镁铝铬尖晶石伴随的体积膨胀导致经过中高温热处理后的镁铝浇注料出现膨胀现象，从图3-19所示镁铝浇注料烧后线变化情况也可以看出随着热处理温度的增加，试样的线变化率降低。

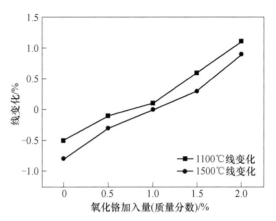

图 3-19 氧化铬对镁铝浇注料烧后线变化的影响

3.2.4.4 铝铬渣对镁铝浇注料性能的影响

图 3-20 和图 3-21 为铝铬渣对镁铝浇注料体积密度和显气孔率的影响图。从图中镁铝浇注料试样体积密度和显气孔率随着铝铬渣加入量的变化趋势上看，铝铬渣的加入均不同程度地影响了三种不同温度处理后的镁铝浇注料的体积密度。从图 3-21 可以看出随着铝铬渣的加入，三种温度处理后的镁铝浇注料试样的显气孔率均出现逐渐增加的趋势。分析认为：经 110℃ 热处理试样的结构强度仍然来源于二氧化硅凝胶所形成的网络结构；经 1100℃ 热处理后试样结构中的二氧化硅凝胶网络结构受到破坏，导致热处理后试样体积密度降低，显气孔增大；经 1500℃ 热处理后的镁铝浇注料试样显气孔率随铝铬渣加入量的增加而增大说明铝铬渣中氧化铬的引入促进了镁铝浇注料中镁铝铬尖晶石的形成。

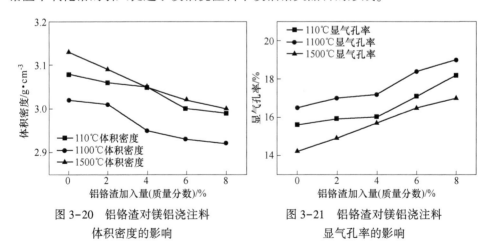

图 3-20 铝铬渣对镁铝浇注料
体积密度的影响

图 3-21 铝铬渣对镁铝浇注料
显气孔率的影响

图 3-22 和图 3-23 为铝铬渣对镁铝浇注料常温抗折强度和常温耐压强度的影

响图。图中 110℃热处理后镁铝浇注料试样常温强度变化情况与图 3-17 和图 3-18 所示加入氧化铬的镁铝浇注料试样强度变化趋势相似。热处理温度为 1100℃时，随着铝铬渣加入量的增加，镁铝浇注料热处理后常温强度呈增加趋势。分析认为铝铬渣在镁铝浇注料热处理过程起到了助烧剂的作用，而 1100℃的热处理温度较低，加入铝铬渣的镁铝浇注没有达到完全烧结的状态，因此试样常温强度较低。当热处理温度为 1500℃时，从图中热处理后镁铝浇注料常温强度的变化趋势可以看出随着铝铬渣加入量的增加，镁铝浇注料的烧结性能明显增强，试样的常温抗折强度和常温耐压强度明显增大。如 3.2.3 节分析所示，铝铬渣中氧化铬有利提高镁铝浇注料的烧结性能，并且铝铬渣中的杂质也起到了助烧镁铝浇注料的作用。

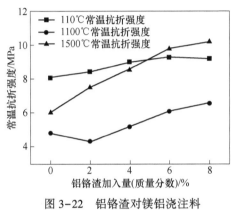

图 3-22　铝铬渣对镁铝浇注料
常温抗折强度的影响

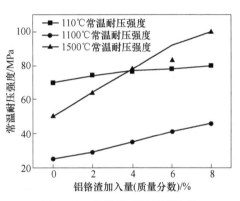

图 3-23　铝铬渣对镁铝浇注料
常温耐压强度的影响

图 3-24 为铝铬渣对镁铝浇注料烧后线变化的影响图。从图看出随着铝铬渣加入量增加，热处理后试样收缩情况逐渐减小。当铝铬渣加入量（质量分数）为 4%时，经 1100℃和 1500℃热处理后的镁铝浇注料试样的线变化率很小。当铝铬渣加入量（质量分数）大于 4%时，随着铝铬渣加入量增加，镁铝浇注料的烧后线变化率大于零，出现膨胀现象。分析认为铝铬渣主要成分为氧化铝和氧化铬，铝铬渣中氧化铝与氧化铬均与镁铝浇注料中氧化镁发生固相反应形成尖晶石，随着铝铬渣加入量的增加，铝铬渣中氧化铬促进了镁铝浇注料中镁铝铬尖晶石的形成，而形成镁铝铬尖晶石的过程伴随着试样的体积膨胀，因此出现了图 3-24 所示的膨胀现象。镁铝浇注料中引入氧化铬促进浇注料镁铝铬尖晶石的生成。随着氧化铬加入量增加，1100℃和 1500℃热处理后浇注料试样体积密度减小、显气孔率、常温抗折强度和常温耐压强度逐渐增大、烧后线变化率逐渐增大，镁铝浇注料烧结性增强。铝铬渣中氧化铬也起到了提高镁铝浇注料烧结性的作用，随着铝铬渣加入量增加，高温热处理后的镁铝浇注料常温强度增加，烧后

线变化率增大。

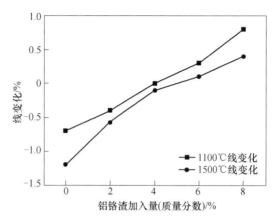

图 3-24   铝铬渣对镁铝浇注料烧后线变化的影响

3.3   镁铬质浇注料

镁铬质浇注料中镁铝尖晶石和镁铬尖晶石形成的连续固溶体和复合尖晶石可以明显改善镁铝铬质耐火材料高温性能和抗渣性。因此本节利用不同粒度用后镁铬砖回收料和镁铝尖晶石为主要原料制备镁铬浇注料,实现用后镁铬砖的综合利用。镁铬砖因其良好的高温性能、抗侵蚀性及挂窑皮性能等被洁净钢冶炼、炉外精炼、水泥等行业广泛应用,虽然铬污染问题一定程度上限制了镁铬质耐火材料的使用,但在短期内镁铬耐火材料仍无法被完全替代,对于用后镁铬砖综合利用仍然具有巨大的社会效益和经济效益。镁铬浇注料与传统镁铬砖同样具有良好的高温性能和抗渣蚀性能,关于镁铬浇注料的研究与应用也同样引起了国内外科研人员的广泛关注。本节重点研究活性氧化铝和电熔镁砂对用后镁铬砖制备镁铬浇注料性能的影响,讨论分析活性氧化铝、电熔镁砂及铝铬渣对镁铬浇注料性能的作用机理。

3.3.1   镁铬质耐火浇注料原料

试验以用后镁铬砖回收料、镁铝尖晶石为主要原料,铝酸盐水泥为结合剂,活性氧化铝与电熔镁砂为添加剂。试验原料化学组成见表 3-3。

表 3-3   实验原料化学组成 (质量分数)   (%)

原　　料	SiO_2	Al_2O_3	MgO	CaO	Fe_2O_3	Cr_2O_3
5~3mm、3~1mm 用后镁铬砖回收料	1.23	3.11	69.30	0.45	4.38	21.81
1~0mm、<0.074mm 镁铝尖晶石	2.97	29.31	58.60	–	1.71	–

原　　料	SiO$_2$	Al$_2$O$_3$	MgO	CaO	Fe$_2$O$_3$	Cr$_2$O$_3$
铝酸盐水泥	0.35	80.13	–	17.82	0.41	–
活性氧化铝	0.15	99.10	–	–	–	–
电熔镁砂	0.63	0.13	98.25	0.42	0.44	–
铝铬渣	5.07	70.70	3.45	1.21	0.63	11.20

3.3.2　镁铬质耐火浇注料配方

　　试验基础配方为 5～3mm、3～1mm 用后镁铬砖回收料 44%、1～0mm 镁铝尖晶石 18%、小于 0.074mm 的镁铝尖晶石 31%、结合剂铝酸盐水泥 7%，试样编号 0 号。1 号～3 号、4 号～6 号、7 号～9 号配方分别在基础配方中加入（质量分数）5%、10% 和 15% 的活性氧化铝、电熔镁砂细粉和铝铬渣细粉。

3.3.3　镁铬质耐火浇注料制备与检测

　　分别将 0 号～9 号试验配方物料置于搅拌桶中，外加 5%～7% 的水，对物料进行混炼；混炼后物料采用振动方式成型，成型尺寸为 40mm×40mm×160mm；成型后试样常温养护 24h 后脱模，在 110℃ 条件下，保温 24h 干燥；干燥后试样分别在 1100℃ 和 1500℃ 条件下，保温 2h 高温烧成，烧后试样随炉冷却。

　　按不定形耐火材料检测标准对镁铬质浇注料试样的体积密度、显气孔率、常温耐压强度、热震稳定性、抗渣性进行检测。试样热震稳定性是通过对浇注料试样 3 次 1100℃ 水冷热循环后，试样常温耐压强度的保持来间接反映浇注料的热震稳定性。试样抗渣性试验采用静态坩埚法，试验温度制度为 1500℃ 条件下保温 2h。试验选用精炼钢包渣化学组成见表 3-4。

表 3-4　渣化学组成（质量分数）　　　　　　（%）

精炼钢包渣	MgO	Al$_2$O$_3$	SiO$_2$	CaO	FeO	MnO
化学组成	7.10	1.17	22.09	47.56	16.16	3.27

3.3.4　镁铬质浇注料性能分析

3.3.4.1　活性氧化铝对镁铬浇注料性能影响

　　图 3-25、图 3-26 分别为活性氧化铝和电熔镁砂对用后镁铬砖制备镁铬浇注料体积密度和显气孔率的影响图。从图 3-25、图 3-26 中浇注料体积密度和显气孔率变化趋势可以看出，经 110℃ 干燥后的镁铬浇注料体积密度和显气孔率随活性氧化铝和电熔镁砂加入量增加变化不明显。经 1100℃ 保温 2h 烧后镁铬浇注料

体积密度随着活性氧化铝加入量增加而逐渐增大，显气孔率随着活性氧化铝加入量增加而逐渐减小。当电熔镁砂加入量（质量分数）小于 10% 时，经 1100℃、1500℃分别保温 2h 烧后的浇注料体积密度随着电熔镁砂加入量增加而逐渐增大，显气孔率逐渐减小。当活性氧化铝加入量（质量分数）为 10% 时，经 1500℃保温 2h 烧后镁铬浇注料体积密度最大，随着活性氧化铝加入量继续增加，浇注料体积密度呈减小趋势，显气孔率呈增大趋势。分析认为过量活性氧化铝导致浇注料基质中形成大量原位镁铝尖晶石，伴随的体积膨胀导致浇注料致密度有所降低。对比图中 1100℃、1500℃烧后浇注料常温强度也可以看出，提高热处理温度有利于浇注料基质的烧结作用，提高镁铬浇注料的致密度。

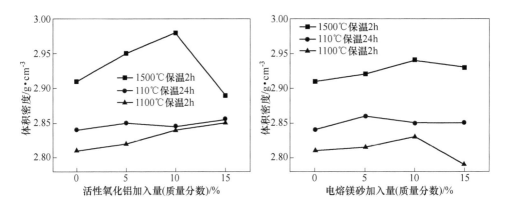

图 3-25   活性氧化铝和电熔镁砂加入量对镁铬浇注料试样体积密度的影响

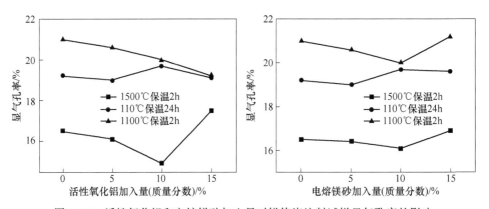

图 3-26   活性氧化铝和电熔镁砂加入量对镁铬浇注料试样显气孔率的影响

3.3.4.2　电熔镁砂细粉对镁铬浇注料性能影响

图 3-27 为活性氧化铝和电熔镁砂对不同温度下热处理后镁铬浇注料试样常温耐压强度的影响图。从图中 110℃保温 24h 干燥后的镁铬浇注料常温耐压强度可以看出，随着活性氧化铝和电熔镁砂加入量增加，浇注料试样的常温耐压强度

变化不大，分析认为经110℃干燥后镁铬浇注料的常温强度主要来源于水泥水化形成水化物的结合强度，110℃的干燥温度没有破坏浇注料水化物的网络结构。图3-27中常温耐压强度变化趋势可以看出，加入活性氧化铝和电熔镁砂的镁铬浇注料经1500℃烧后常温耐压强度明显大于经1100℃烧后浇注料常温耐压强度。加入活性氧化铝的镁铬浇注料经1100℃烧后常温耐压强度随着活性氧化铝加入量增加而逐渐增大，加入电熔镁砂的镁铬浇注料经1100℃烧后常温耐压强度呈相反的变化趋势。经1500℃烧后镁铬浇注料常温耐压强度随着活性氧化铝和电熔镁砂加入量增加呈现先增大后减小趋势，当活性氧化铝、电熔镁砂加入量（质量分数）分别为10%、5%时，浇注料常温耐压强度分别为各组配方中最大值。活性氧化铝与基质中富镁尖晶石中氧化镁原位反应形成原位尖晶石有利于浇注料常温强度的增大，过量的活性氧化铝的加入形成原位尖晶石过程中体积膨胀导致浇注料材料结合强度降低。从图3-27中1500℃烧后活性氧化铝加入量15%（质量分数）的镁铬浇注料常温强度降低也说明了以上分析。从图中镁铬浇注料中加入电熔镁砂的配方试样的常温耐压强度变化趋势分析，浇注料加入少量的电熔镁砂可以使镁铬浇注料基质形成方镁石/镁铝尖晶石固溶体促进浇注料常温耐压强度提高，但过量电熔镁砂加入到镁铬浇注料会导致浇注料的烧结性降低，试样常温耐压强度减小。

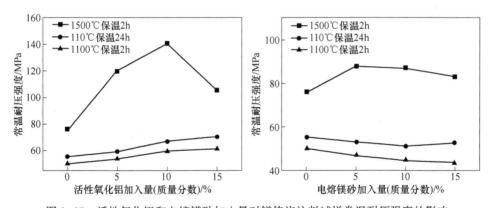

图3-27　活性氧化铝和电熔镁砂加入量对镁铬浇注料试样常温耐压强度的影响

图3-28为活性氧化铝和电熔镁砂加入量对镁铬浇注料热震前后试样常温耐压强度以及常温耐压强度保持率的影响趋势图。图中浇注料热震前后常温耐压强度保持率变化的趋势可以看出，加入活性氧化铝的镁铬浇注料配方试样热震前后常温耐压强度保持率呈现先增大后减小趋势，当活性氧化铝加入量（质量分数）为5%时，镁铬浇注料热震前后常温耐压强度保持率最高，达到90.8%，试样的热震稳定性最好。当活性氧化铝加入量（质量分数）大于5%时，随着活性氧化铝加入量继续增加，虽然热震后镁铬浇注料常温耐压强度有所增加，但镁铬浇注

料热震前后常温耐压强度保持率逐渐降低，热震稳定性呈降低趋势。从加入电熔镁砂的镁铬浇注料配方试样热震前后常温耐压强度保持率的变化趋势可以看出，随电熔镁砂加入量增加镁铬浇注料热震前后常温耐压强度保持率逐渐增大，说明加入电熔镁砂有利于提高镁铬浇注料热震稳定性。分析认为镁铬浇注料中加入电熔镁砂使得浇注料基质中形成了方镁石/镁铝尖晶石复相结构，由于方镁石/镁铝尖晶石热膨胀系数不同，使得烧后镁铬浇注料基质结构中形成大量微小裂纹，这些微小裂纹可以有效缓解由于温度变化形成的热应力，提高镁铬浇注料热震稳定性。

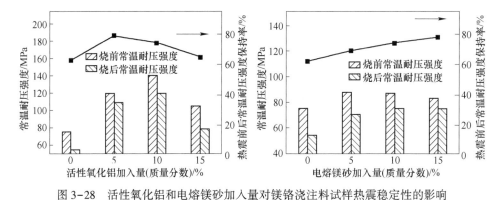

图 3-28　活性氧化铝和电熔镁砂加入量对镁铬浇注料试样热震稳定性的影响

图 3-29 中 1 号~3 号照片为加入活性氧化铝的镁铬浇注料侵蚀试样截面图，

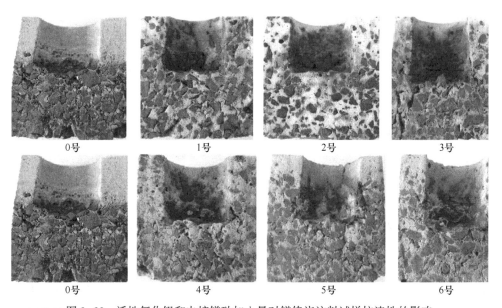

图 3-29　活性氧化铝和电熔镁砂加入量对镁铬浇注料试样抗渣性的影响

从图中镁铬浇注料宏观结构可以看出 1 号和 2 号试样的致密度明显好于 0 号试样，抗侵蚀性也明显好于 0 号试样，3 号试样截面图中出现较为明显的裂纹，分析认为过量的原位尖晶石生成使得浇注料结构变得疏松，导致高温熔渣容易渗透到镁铬浇注料基质，抗侵蚀性下降。图 3-29 中 4 号~6 号照片为加入电熔镁砂的镁铬浇注料侵蚀试样截面图，可以看出镁铬浇注料中加入电熔镁砂，浇注料的微观结构变化不大，基质中电熔镁砂与镁铝尖晶石原料通过固相烧结形成方镁石/镁铝尖晶石直接结合。随着电熔镁砂加入量的增加，镁铬浇注料基质物相组成中方镁石量逐渐增多，方镁石量增多有利于提高碱性熔渣的侵蚀作用。

图 3-30 为加入活性氧化铝、电熔镁砂的 0 号~6 号镁铬浇注料试样侵蚀层微观结构 SEM 图。图中 0 号试样微观结构中出现较为明显的裂纹，随着活性氧化铝加入量增加，1 号和 2 号试样的侵蚀层断面可以看出，结构中裂纹明显减少，并且微观结构变得更为均匀稳定。3 号试样为活性氧化铝加入量（质量分数）为 15% 的镁铬浇注料试样侵蚀层微观结构，可以看出结构中留下了大量由于液相侵蚀所形成的粗大孔隙，液相可以通过这些粗大的空隙对镁铬浇注料进行进一步侵蚀。

图 3-30　不同试样侵蚀层微观结构 SEM 图

从精炼钢包渣化学组成上分析，钢包渣中主要成分为氧化钙和二氧化硅，属于钙硅比大于 2 的碱性渣。镁铬浇注料具有良好的抗碱性熔渣侵蚀性能，随着镁铬浇注料中活性氧化铝的增加，结构中形成原位镁铝尖晶石量逐渐增加，镁铬浇注料致密性提高有利于提高浇注料的抗渣侵蚀性能，过量活性氧化铝加入起到相反的作用。分析认为随着活性氧化铝加入量增加，试样烧结性逐渐增强，浇注料结构更趋于致密。图 3-30 中 4 号~6 号为加入电熔镁砂的镁铬浇注料微观结构图，可以看出 4 号试样结构中出现了与 0 号试样相类似的结构裂纹，5 号试样侵蚀层相对均匀稳定，6 号试样出现菜花状疏松结构。分析认为，镁铬浇注料中电熔镁砂的引入使得浇注料基质出现方镁石/镁铝尖晶石复相结构，浇注料热处理过程中所形成微小裂纹提高了浇注料的热震稳定性，同时微小裂纹通过毛细管力的作用将高温液相吸附进入到镁铬浇注料基质中，形成稳定侵蚀层，有利于提高浇注料材料的抗渣侵蚀性。图 3-30 中 5 号试样侵蚀层微观也相对稳定均匀，说明电熔镁砂加入量（质量分数）为 10% 时，镁铬浇注料具有较好的抗渣侵蚀性。

3.3.4.3 铝铬渣细粉对镁铬浇注料性能影响

图 3-31、图 3-32 分别为铝铬渣加入量对用后镁铬砖制备镁铬质耐火浇注料试样体积密度和显气孔率的影响图。从图中可以看出经过 110℃ 保温 24h 热处理后的浇注料试样体积密度和显气孔率无明显变化，而经过 1100℃ 和 1500℃ 保温 2h 热处理后的浇注料试样体积密度随着铝铬渣加入量的增加而逐渐减小，显气孔率随着铝铬渣加入量增加而逐渐增大。经 1500℃ 热处理后的浇注料试样体积密度明显大于经 1100℃ 热处理后的浇注料试样体积密度，分析认为热处理温度升高，加速了浇注料固相反应速度，同时随着浇注料中铝铬渣加入量的增加，浇注料中杂质成分的增加，高温固相反应过程液相数量的增多，液相传质的几率逐渐增大。液相传质是耐火材料固相反应过程中不可避免要出现的，液相所起到的作用不仅仅是利用表面张力将两个固相颗粒拉近和拉紧，而且可以促进固相反应的进行。铝铬渣中氧化铝和氧化铬与用后镁铬砖中过量的氧化镁形成镁铝尖晶石和镁铬尖晶石的固相反应过程随着镁铬浇注料中铝铬渣加入量的增加而逐渐加快，从图 3-31 和图 3-32 中试样体积密度逐渐减小、显气孔率逐渐增大也证明了形成镁铝尖晶石和镁铬尖晶石过程中的体积膨胀效应。

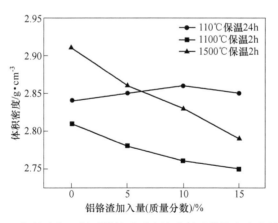

图 3-31　铝铬渣加入量对镁铬质耐火浇注料试样体积密度的影响

图 3-33 为铝铬渣加入量对镁铬质耐火浇注料常温耐压强度的影响图。从图中热处理后镁铬质耐火浇注料常温耐压强度的变化趋势可以看出，随着热处理温度由 1100℃ 增加 1500℃，镁铬质浇注料试样常温耐压强度呈增大趋势。随着铝

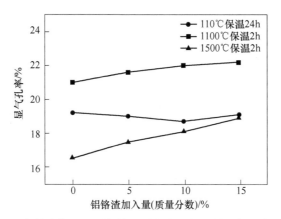

图 3-32 铝铬渣加入量对镁铬质耐火浇注料试样显气孔率的影响

铬渣加入量增加，镁铬质耐火浇注料试样常温耐压强度同样呈现增大趋势。分析认为：随着配料中铝铬渣加入量增加、系统中通过固相反应生成原位镁铝尖晶石和镁铬尖晶石数量增多、原位形成尖晶石数量增多以及液相数量的增多都促进了镁铬质耐火浇注料中颗粒的结合程度。因此，随着铝铬渣加入量的增加，镁铬质耐火浇注料的常温耐压强度逐渐增大。从图 3-33 中热处理温度为 110℃ 的镁铬质耐火浇注料常温耐压强度可以看出，随着铝铬渣加入量增加，浇注料试样的常温耐压强度变化不大，分析认为经 110℃ 干燥后镁铬质耐火浇注料的常温强度主要来源于水泥水化形成水化物的结合强度，110℃ 的干燥温度没有破坏浇注料水化物的网络结构，而 4 组配方试样中，水泥含量不变，因此经 110℃ 干燥后的镁铬质浇注料常温耐压强度变化不大。

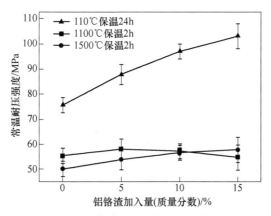

图 3-33 铝铬渣加入量对镁铬质耐火浇注料试样常温耐压强度的影响

图 3-34 为铝铬渣加入量对镁铬质耐火浇注料热震前后试样常温耐压强度以及常温耐压强度保持率的影响趋势图。从图中镁铬质耐火浇注料热震前后常温耐

压强度保持率的变化趋势可以看出，试样热震前后常温耐压强度保持率出现先增大后减小的趋势，当铝铬渣加入量（质量分数）为10%时，镁铬质耐火浇注料热震前后常温耐压强度保持率最高，试样的热震稳定性最好。当铝铬渣加入量（质量分数）小于10%时，随着铝铬渣加入量增加，镁铬质耐火浇注料热震前后强度保持率逐渐增大，分析认为由于铝铬渣加入量增加，试样结构中原位形成镁铝尖晶石、镁铬尖晶石数量的增加，有利于提高浇注料的热震稳定性。当铝铬渣加入量（质量分数）大于10%时，随着铝铬渣加入量增加，镁铬质耐火浇注料热震前后强度保持率逐渐减小，分析认为由于铝铬渣加入量增加，高温条件下结构中液相数量增加，试样在常温条件下玻璃相的增多对镁铬浇注料的热震稳定性不利。

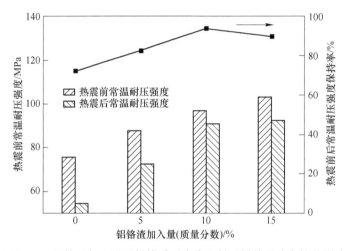

图3-34　铝铬渣加入量对镁铬质耐火浇注料试样热震稳定性的影响

图3-35为铝铬渣加入量对镁铬质耐火浇注料抗渣性的影响图。从图中镁铬质耐火浇注料抗渣试样断面宏观结构可以看出，1号和2号试样出现较为明显的结构碎裂现象，3号和4号试样结构完整性相对较好。分析认为随着铝铬渣加入量增加，试样烧结性逐渐增强，浇注料结构上更趋于致密。结合镁铬质耐火浇注

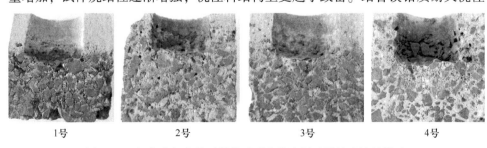

| 1号 | 2号 | 3号 | 4号 |

图3-35　铝铬渣加入量对镁铬质耐火浇注料试样抗渣性的影响

料体积密度和显气孔率的变化趋势，浇注料中形成原位尖晶石伴随的体积膨胀使得浇注料气孔逐渐增多，不利于镁铬浇注料抗熔渣侵蚀性。

图 3-36 为 1 号~4 号不同试样侵蚀层微观结构 SEM 图。从图中微观结构及裂纹大小情况分析，铝铬渣加入量（质量分数）为 10% 的 3 号试样的微观形貌相对均匀，裂纹较少。从精炼钢包渣化学组成上分析，该钢包渣中主要成分为氧化钙和二氧化硅，属于钙硅比大于 2 的碱性渣。镁铬质耐火浇注料具有良好的抗碱性熔渣侵蚀性能，浇注料中氧化铬的增多也有利于提高浇注料的抗渣侵蚀性能。随着镁铬质耐火浇注料中铝铬渣加入量的增加，浇注料基质中矿物组成会发生明显变化。浇注料结构中形成尖晶石所伴随的体积膨胀使得结构中会出现大量的微小裂纹，同时由于毛细管力的作用，高温液相会均匀进入到浇注料基质，形成稳定的侵蚀层结构，图 3-36 中 3 号试样侵蚀层微观也证明了以上分析。从图 3-36 中 4 号试样侵蚀层中较大的裂纹可以看出，原位尖晶石的形成量过大导致了浇注料结构疏松，不利于浇注料抗渣性的提高。综合镁铬质浇注料抗热震性和抗渣性分析，镁铬质浇注料中铝铬渣引入量（质量分数）以 10% 为宜。

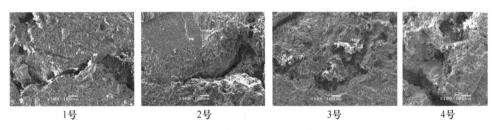

| 1号 | 2号 | 3号 | 4号 |

图 3-36　不同试样侵蚀层微观结构 SEM 图

随着铁合金厂铝铬渣加入量增加，1100℃ 和 1500℃ 烧后的镁铬质耐火浇注料试样显气孔率和常温耐压强度呈增大趋势，110℃ 干燥后试样常温耐压强度变化趋势不明显。当铝铬渣加入量（质量分数）小于 10% 时，浇注料热震稳定性随铝铬渣加入量增加而逐渐增强，浇注料结构逐渐变得致密，抗渣性逐渐增强。当铝铬渣加入量（质量分数）为 10% 时浇注料试样的热震稳定性最好，热震前后试样的常温耐压强度保持率为 93.8%，试样具有较好抗渣侵蚀性能，侵蚀层结构稳定均匀。

4 镁质复相不烧砖

4.1 镁质复相不烧砖概述

镁质复相不烧材料主要特点和优势主要体现在节能降耗，以钢包不烧铝镁砖为例，铝镁钢包不烧衬砖具有生产工艺简便、节能等特点，可以取代烧成制品。铝镁不烧砖由于其结构的特殊性，在工艺上有许多不同于烧成耐火制品的特点：（1）铝镁不烧砖要求原料煅烧良好。因为铝镁不烧砖没有烧成工序，烘干后直接投入使用，所以必须用煅烧良好的原料以保证使用时在高温下不致因烧结而带来较大的体积变化。（2）必须有合理的颗粒配比并施加较高的成型压力。由于没有烧成工序的致密化，不烧铝镁砖的致密化必须在成型工序完成，因此必须有合理的颗粒配比和颗粒形状。（3）铝镁不烧砖要选择适当的结合剂。在生产实践中，铝镁不烧砖选择结合剂保证其具有良好的冷态强度，并能防止潮解的同时希望不降低其高温性能。（4）基质的选择。通常情况下不烧砖荷重软化开始温度较低，因此，不烧制品基质的选择应有利于改善其性能，同时，不烧砖在生产及使用中所表现出来的其他缺点，如成型致密性等，也可以通过选择合理的基质予以解决。（5）干燥制度的控制。不烧成型后砖须经过烘干，使其中的结合剂、基质达到固化程度，对于不烧制品干燥制度必须严格控制，否则会造成性能变化等一系列问题。

因此，对于钢包不烧铝镁砖就要求具有如下特征：（1）工作衬在施工工程中应力求设备简单，施工方便，能够降低劳动强度，提高劳动生产率。要具有良好的烘烤适应性，减少烤包能耗的同时能够增加钢包的利用率，延长钢包的使用周期，减少备用包的数量。（2）在高温使用条件下应具有良好的高温性能，不但要求有较高的耐火度和一定的高温强度，还必须有良好的化学稳定性，保证高温条件下不会对钢液产生二次氧化，不会对钢液造成污染，不降低钢坯的质量。（3）使用过程中应具有良好的抗熔渣侵蚀和渗透的性能，以及耐钢水和渣液冲刷的能力，有利于提高钢包工作衬的使用寿命、减少钢包耐火材料的消耗、减少耐火材料对钢液的污染。（4）工作衬应具有良好的抗热震稳定性和良好的体积稳定性，与钢水接触时不炸裂，保证钢包具有良好的整体性。（5）钢包工作衬还应具有较低的导热系数和较好的保温性能，能够减少钢包的热损失，保持钢包钢液温度的稳定。

典型的镁基不烧耐火砖有以上所述的钢包不烧铝镁不烧砖，还有如方镁石/尖晶石不烧砖等。不烧砖中镁铝尖晶石是热膨胀系数小、热导率低、热震稳定性好、抗碱侵蚀能力强的材料。MgO 与 Al_2O_3 按理论组成形成尖晶石时会产生约 8% 的体积膨胀，因而烧成时较难致密化，一般制砖过程中需要加入助烧剂。

镁基不烧复相材料制备过程中由于采用不烧工艺，因此制品在使用过程中要求具有良好烧结性和体积稳定性。制品在使用过程中除了发生自身烧结收缩和热膨胀外，镁基复相材料中尖晶石化所导致的体积膨胀会严重影响镁基复相材料的使用性能。一旦不烧砖出现过大体积膨胀会导致制品组织出现断裂、剥落、熔渣渗透等严重事故，因此要求镁基复相不烧材料不仅具有良好的烧结性能，同时具有良好的热膨胀性能。

本章主要以镁基不烧复相材料中典型的方镁石/尖晶石质不烧耐火材料为研究对象，重点分析镁基不烧耐火材料热膨胀行为以及不同温度（1100℃ 和 1500℃）烧后制品线变化率、致密度、常温强度及热震稳定性。通过引入氧化锆、氧化钛、锆英石和铝钛渣添加剂，探讨分析不烧镁基复相材料的高温使用性能。

4.2 镁质复相不烧砖制备工艺

4.2.1 镁质复相不烧砖原料

本节采用的主要原料为市售电熔镁砂颗粒、高纯镁砂细粉、α-氧化铝微粉、氧化铬微粉，添加剂氧化锆、氧化钛、锆英石和铝铬渣细粉，原料的主要化学成分见表 4-1。

表 4-1 试验原料化学组成

试验原料	化学组成 $w/\%$							
	SiO_2	Al_2O_3	MgO	CaO	Fe_2O_3	Cr_2O_3	ZrO_2	TiO_2
电熔镁砂	1.05	–	97.51	0.85	0.33	–	–	–
高纯镁砂	1.19	0.45	96.30	1.05	0.55	–	–	–
Al_2O_3 微粉	0.15	99.10	–	–	–	–	–	–
Cr_2O_3 微粉	–	–	–	–	0.03	98.91	–	–
锆英石	32.5	0.73	0.12	–	0.35	–	65.51	–
铝钛渣	5.15	66.92	6.65	6.62	0.40	–	–	12.16

4.2.2 镁质复相不烧砖配方

镁基复相材料基础配方中骨料选择电熔镁砂（粒度为 3~1mm，1~0mm），加入量（质量分数）为 69%，基质部分（质量分数）包括：25%的高纯镁砂细粉、3%的氧化铝微粉和 3%的氧化铬微粉，基础配方编号 0 号。在 0 号配方基础上，分别添加质量分数为 2%、4%、6% 和 8% 的氧化锆、氧化钛、锆英石和铝钛渣细粉，配方编号为 1 号~4 号（氧化锆）、5 号~8 号（氧化钛）、9 号~12 号（锆英石）和 13 号~16 号（铝钛渣）。试验配方见表 4-2 和表 4-3。

表 4-2　试验配方

原　料	试验配方 $w/\%$								
	0 号	1 号	2 号	3 号	4 号	5 号	6 号	7 号	8 号
电熔镁砂颗粒	69	69	69	69	69	69	69	69	69
高纯镁砂细粉	25	23	21	19	17	23	21	19	17
α-氧化铝微粉	3	3	3	3	3	3	3	3	3
氧化铬微粉	3	3	3	3	3	3	3	3	3
氧化锆	0	2	4	6	8				
氧化钛						2	4	6	8

表 4-3　试验配方

原　料	试验配方 $w/\%$								
	0 号	9 号	10 号	11 号	12 号	13 号	14 号	15 号	16 号
电熔镁砂颗粒	69	69	69	69	69	69	69	69	69
高纯镁砂细粉	25	23	21	19	17	23	21	19	17
α-氧化铝微粉	3	3	3	3	3	3	3	3	3
氧化铬微粉	3	3	3	3	3	3	3	3	3
锆英石	0	2	4	6	8				
铝钛渣						2	4	6	8

4.2.3 镁质复相不烧砖制备与检测

将盛装器皿放置于电子天平上，归零，将配料缓慢倒入器皿中，切勿使天平上留有配料，以免损坏天平且对称量数据造成误差。按配方将所需物料称出，将电熔镁砂骨料（粒度为 3~1mm，1~0mm）放在一个容器中混匀，外加 5%（质量分数）的结合剂，混炼 3~5min。再将粉料即高纯镁砂（74μm）、氧化铝粉、氧化铬粉和氧化锆（氧化钛、锆英石、铝钛渣）事先混匀，并加入到湿碾机中，继续混炼 15min。混炼质量好的泥料应该是：各个成分均匀分布，坯料的结合性能得到充分发挥，再粉碎程度小，空气排除充分。混炼后粉料置于模具中，成型试样大小为 40mm×40mm×160mm，成型压力 200MPa。成型的目的是提高填充密度，使制品结构致密化。因而需采用高压力成型，充分排除砖坯中的气体达到砖坯致密，裂纹少。在成型、称料过程中为防止颗粒偏析，要进行均匀拌料。倒料时，为防止边角不严，颗粒脱落，倒入模内的泥料应四角高于中心。影响成型的因素有：作用在泥料上的单位压力、平均成型速度和整个周期中速度分布。将成型后试样置于 110℃ 干燥箱中，干燥 24h 后将部分试样加工成 ϕ10mm×50mm 的柱状试样，其余 40mm×40mm×160mm 留用。根据检测结果将干燥后试样分别在 1100℃ 和 1500℃ 下，保温 2h 烧成。

试样用于检测线膨胀率和线膨胀系数（RPZ 型热膨胀仪，升温速度 5℃/min，试验温度 1450℃）；按照定型耐火材料国家检测标准，对干燥后试样和烧成后试样的体积密度、显气孔率、常温抗折强度、烧后线变化率进行检测。

4.3 镁质复相不烧砖性能

4.3.1 氧化锆对镁质复相材料性能的影响

不烧镁基复相材料具有生产成本低、不污染钢液、热导率低等优点，然而镁基复相材料作为镁铝铬耐火材料系列制品之一，在使用过程中除了发生自身烧结收缩和热膨胀外，尖晶石化所导致的体积膨胀也严重影响镁基复相材料的使用性能。众所周知，不烧砖膨胀过大会导致砖体结构出现裂纹、炉衬断裂、剥落，甚至出现熔渣渗透等。氧化锆的马氏体相变是高温陶瓷行业广泛研究的重要课题，利用其马氏体相变中单斜晶型氧化锆转变成四方晶型氧化锆的体积收缩缓解由于尖晶石化所导致的体积过度膨胀。

4.3.1.1 氧化锆对镁基复相材料热膨胀系数和热膨胀率的影响

图 4-1 和图 4-2 分别为氧化锆对镁基复相材料试样线膨胀率和线膨胀系数的影响图。从图 4-1 可以看出，0 号~4 号镁基复相材料各试样在小于 1100℃ 温度条件下线膨胀率区别不大，随着温度升高，各试样的线膨胀率逐渐增大。温度为 1100℃ 时，各试样的线膨胀率约为 1.5%。从图 4-2 可看出，温度在 500~1100℃ 时，各试样的线膨胀系数在（10~14）$\times 10^{-6}$℃$^{-1}$ 范围之内，随着温度升高，各试样的线膨胀系数逐渐增大。试验温度在约 1100~1300℃ 时，各试样的线膨胀率和线膨胀系数出现较大变化，其中 0 号试样的线膨胀率由 1100℃ 时的 1.50% 增大为 1300℃ 时的 3.25%，而线膨胀系数也由 1100℃ 时的 14.3$\times 10^{-6}$℃$^{-1}$ 增大到 1300℃ 时的 25.7$\times 10^{-6}$℃$^{-1}$。当试验温度大于 1300℃ 时，0 号试样的线膨胀率的增大趋势减缓，线膨胀系数呈减小趋势。分析认为镁基复相材料基质中高纯镁砂细粉、

氧化铝微粉和氧化铬微粉在约1100℃时开始发生固相反应形成镁铝尖晶石、镁铬尖晶石以及镁铝铬尖晶石是导致以上现象的主要原因。镁基复相材料中主晶相方镁石的线膨胀系数约 $14.6 \times 10^{-6}℃^{-1}$，这与试验结果中 0 号试样在1100℃时线膨胀系数为 $14.3 \times 10^{-6}℃^{-1}$ 基本相符，而原位反应形成尖晶石的过程中伴随的约8%~10%的体积膨胀导致了试样线膨胀系数的增大。随着试验温度的升高促进了原位尖晶石数量增多，当试验温度达到1300℃时，试样体积变化效应最强，而温度的继续升高和原位反应的逐渐结束使得试样的线膨胀系数逐渐减小。

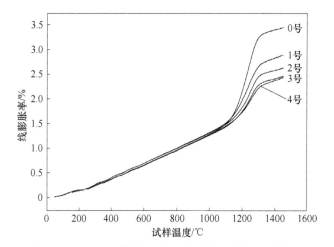

图 4-1   氧化锆对镁基复相材料试样线膨胀率的影响

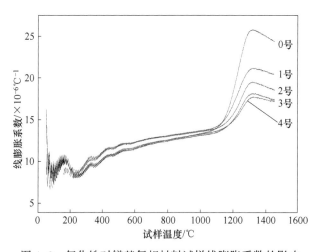

图 4-2   氧化锆对镁基复相材料试样线膨胀系数的影响

从图 4-1 还可以看出，随镁基复相材料配方中氧化锆加入量增加，试样在1100~1300℃时的线膨胀率逐渐减小，其中氧化锆加入量（质量分数）为6%和

8%的 3 号和 4 号试样的热膨胀率变化不大。从图 4-2 也可以看出，在约 1300℃时各试样的线膨胀系数最高值随氧化锆加入量增加而减小。分析认为氧化锆的晶型转变对镁基复相材料的线膨胀性产生较大影响，单斜晶型的氧化锆在 1170℃ 时转变为四方晶型的氧化锆，单斜晶型和四方晶型氧化锆的体积密度分别为 5.68g/cm³ 和 6.10g/cm³。氧化锆晶型转变（$m \rightarrow t$）温度（1170℃）恰好在 1100~1300℃，镁基复相材料中氧化锆晶型转变所形成的体积收缩可以部分抵消镁铝尖晶石、镁铬尖晶石和镁铝铬尖晶石原位反应所形成的体积膨胀作用。因此，随着镁基复相材料中氧化锆加入量的增加，镁基复相材料在高温固相反应过程中的线膨胀率和线膨胀系数呈降低趋势。

4.3.1.2 氧化锆对镁基复相材料烧后线变化率的影响

图 4-3 为氧化锆对镁基复相材料试样经 1100℃和 1500℃烧后的线变化趋势图。从图 4-3 可以看出，随着氧化锆加入量增加，经 1100℃和 1500℃烧后试样的烧后线变化逐渐增大，并且经 1500℃烧后试样的膨胀性明显高于经 1100℃烧后的膨胀性。结合以上分析，认为 1100℃为尖晶石原位反应开始温度，镁基复相材料中氧化锆的引入加速了尖晶石的原位反应，随着氧化锆加入量的增加和热处理温度的升高，试样的烧后线变化率逐渐增大。同时试样降温过程中氧化锆的晶相转变（$t \rightarrow m$）所造成的体积膨胀作用也是导致各配方试样烧后线变化率逐渐增大的一个重要因素。

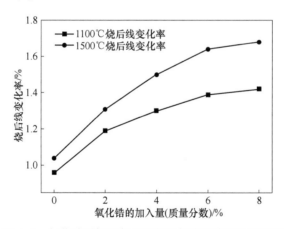

图 4-3　氧化锆对镁基复相材料试样烧后线变化的影响

4.3.1.3 氧化锆对镁基复相材料烧后体积密度和显气孔率的影响

图 4-4 和图 4-5 为氧化锆对镁基复相材料经 110℃干燥后、1100℃和 1500℃烧后试样体积密度和显气孔率的影响图，可以看出，随着氧化锆加入量的增加，经过 110℃干燥后试样的体积密度呈现逐渐增大趋势，而随着氧化锆加入量的增加，经 1100℃和 1500℃烧后试样的体积密度呈现逐渐减小趋势，显气孔率呈现

逐渐增大趋势。分析认为，110℃干燥后镁基复相材料试样体积密度主要取决于各原料相对密度，氧化锆体积密度相对较大，因此随着氧化锆加入量增加，镁基复相材料试样的体积密度逐渐增大，而显气孔率变化不大。随着热处理温度逐渐升高，经1100℃烧后试样的体积密度较110℃干燥后试样的普遍降低。1100℃烧后试样结构中已经出现了部分尖晶石，导致烧后试样显气孔率增加，体积密度减小。同时氧化锆的存在加速了原位尖晶石的形成数量，因此随着氧化锆加入量的增加，镁基复相材料的显气孔率逐渐增大，体积密度逐渐减小。当试验温度达到1500℃时，镁基复相材料中高纯镁砂、氧化铝和氧化铬固相反应加剧，尖晶石形成过程伴随的体积膨胀导致烧后试样的显气孔率进一步增大，而烧后试样的体积密度进一步减小。

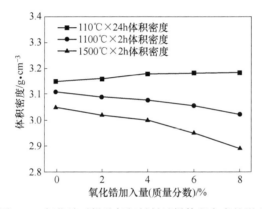

图 4-4　氧化锆对镁基复相材料试样体积密度的影响

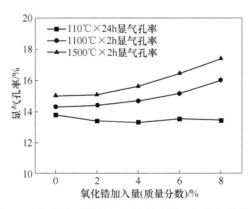

图 4-5　氧化锆对镁基复相材料试样显气孔率的影响

4.3.1.4　氧化锆对镁基复相材料烧后常温抗折强度的影响

图 4-6 为氧化锆对镁基复相材料经 110℃ 干燥后、1100℃ 和 1500℃ 烧后试样常温抗折强度的影响图。从图中经 110℃ 干燥后常温抗折强度变化趋势可以看

出，试样的常温抗折强度变化趋势不明显，经1100℃和1500℃烧后试样常温抗折强度明显比经110℃干燥后试样的小，其中经1500℃烧后试样的常温抗折强度最小。分析认为，经110℃干燥后试样的常温强度主要源于结合剂的常温结合，试验选用的磷酸盐结合剂在不烧砖内部形成网络结构经110℃干燥后具有良好的结合强度。经1100℃烧后试样中磷酸盐网络遭到由于自身分解及基体不烧砖基体膨胀作用的影响，因此烧后试样的常温强度有显著降低。当试验温度达到1500℃时，磷酸盐网络完全破坏，然而试样基质中原位形成的尖晶石却为烧后试样提供了一定的强度保证。从图4-6中1500℃烧后试样常温抗折强度变化趋势可以看出，随着氧化锆加入量增加，烧后试样常温抗折强度有所增加。

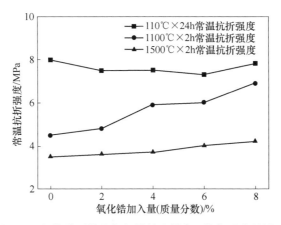

图4-6 氧化锆对镁基复相材料试样常温抗折强度的影响

4.3.1.5 氧化锆对镁基复相材料热震稳定性的影响

图4-7为氧化锆对1500℃烧后镁基复相材料试样热震前后常温耐压强度以及热震后试样常温耐压强度保持率的影响图。从图4-7可以看出，1500℃烧后试样的常温耐压强度随着氧化锆加入量的增加而逐渐增大，烧后试样的常温耐压强度变化与图4-6所示1500℃烧后试样的常温抗折强度变化趋势相似。热震后试样的常温耐压强度变化趋势呈现出了先增大后减小的趋势，当氧化锆加入量（质量分数）为6%时，3号试样热震后常温耐压强度出现最大值。同时从热震前后试样常温耐压强度保持率的变化趋势可以看出，当氧化锆加入量（质量分数）为6%时，镁基复相材料热震前后试样常温耐压强度保持率也是最高，达到91.3%，镁基复相材料抗热震性最佳。分析认为，镁基复相材料试样烧后结构中出现了镁铝尖晶石、镁铬尖晶石以及镁铝铬尖晶石固溶体的复相结构，由于三者热膨胀系数不同，使得烧后镁基复相材料试样基质结构中形成大量微小裂纹，这些微小裂纹可以有效缓解由于温度变化所形成的热应力，提高镁基复相材料试样抗热震性。随着镁基复相材料中氧化锆引入数量的增加，氧化锆可以有效缓解在

高温条件下镁基复相材料制品线膨胀率和线膨胀系数变化过大对砖体结构所造成的不利影响。虽然在镁基复相材料中主成分氧化镁对氧化锆的晶相转变有一定的抑制作用，但适量引入氧化锆对镁基复相材料的抗热震性有利。

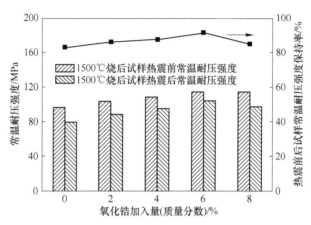

图 4-7　氧化锆对镁基复相材料试样抗热震性的影响

4.3.2　氧化钛对镁质复相材料性能的影响

镁基复相材料结构中原位尖晶石化所造成的体积效应势必影响镁基复相材料的使用性能，本节选用高价金属离子氧化物——氧化钛作为镁基复相材料的助烧结剂，利用烧结产生的体积收缩部分抵消结构中尖晶石化所产生的体积膨胀。通过在镁基复相材料基质中引入氧化钛，本节进行了关于氧化钛对镁基复相材料线膨胀性、烧结性能以及烧后试样常温性能影响的试验研究。

4.3.2.1　氧化钛对镁基复相材料热膨胀系数和热膨胀率的影响

图 4-8 和图 4-9 分别为氧化钛对镁基复相材料线膨胀率和线膨胀系数的影响图。从图中加入 4%氧化钛的 6 号镁基复相材料的线膨胀率和线膨胀系数变化趋势可以看出，6 号镁基复相材料在 1040℃就已经出现了如 0 号镁基复相材料的线膨胀率随试验温度升高而显著增大的曲线"拐点"，同时在 1040℃也出现了镁基复相材料线膨胀系数显著增大的曲线"拐点"。镁基复相材料基质中原位反应形成镁铝尖晶石、镁铬尖晶石以及镁铝铬尖晶石造成制品体积膨胀是导致镁基复相材料线膨胀率显著增大的主要原因。线膨胀率和线膨胀系数曲线中"拐点"温度的降低说明氧化钛可以降低镁基复相材料中原位尖晶石的反应温度，促进镁基复相材料中原位尖晶石的形成。同时，6 号镁基复相材料与未加入氧化钛的 0 号镁基复相材料相类似，试验温度为 1300℃时，6 号和 0 号镁基复相材料的线膨胀率和线膨胀系数表现出相同的变化趋势，但 6 号镁基复相材料的线膨胀系数的最高值明显低于 0 号镁基复相材料的线膨胀系数最高值。从图中 8 号镁基复相材料

的线膨胀系数随试验温度的变化趋势也可以看出，随着镁基复相材料中氧化钛加入量的增加，镁基复相材料的线膨胀系数的最高值逐渐减小。分析认为镁基复相材料在1300℃时出现的热膨胀系数最高值随氧化钛加入量增多而降低的现象说明氧化钛的引入促进了镁基复相材料的烧结，镁基复相材料烧结行为所造成的制品体积收缩在一定程度上抵消了原位尖晶石反应过程中的体积膨胀。

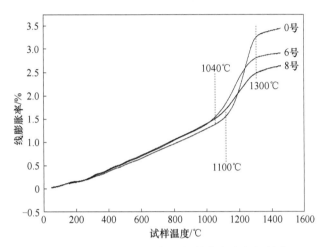

图4-8　氧化钛对镁基复相材料线膨胀率的影响

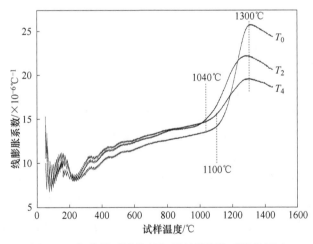

图4-9　氧化钛对镁基复相材料线膨胀系数的影响

4.3.2.2　氧化钛对镁基复相材料烧后线变化率的影响

图4-10为氧化钛对镁基复相材料烧后线变化率影响图。从图中镁基复相材料经1100℃和1500℃烧后的线变化趋势可以看出，随着氧化钛加入量增加，试样的烧后线变化率逐渐增大，经1500℃烧后试样的烧后线变化率明显高于经

1100℃烧后试样的膨胀性。分析认为镁基复相材料中加入氧化钛会加速原位尖晶石的反应速度，尖晶石的原位反应更加充分，并且随着氧化钛加入量的增加以及烧成温度的升高，镁基复相材料的烧后线变化率逐渐增大。

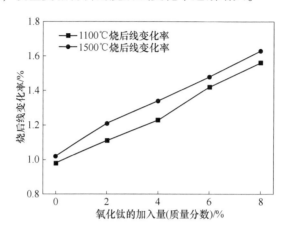

图 4-10   氧化钛对镁基复相材料烧后线变化率的影响

4.3.2.3   氧化钛对镁基复相材料烧后体积密度和显气孔率的影响

图 4-11 和图 4-12 分别为氧化钛对镁基复相材料经 110℃干燥后、1100℃烧后和 1500℃烧后试样体积密度和显气孔率的影响图。从图中烧后制品体积密度和显气孔率变化趋势可以看出，随着氧化钛加入量的增加，经过 110℃干燥后制品的体积密度变化趋势不明显，经 1100℃和 1500℃烧后制品的体积密度呈现逐渐减小趋势，显气孔率呈现逐渐增大趋势。理论认为干燥后镁基复相材料体积密度主要取决于原料与添加剂氧化钛的致密程度，添加剂氧化钛体积密度接近于高纯镁砂，因此干燥镁基复相材料的体积密度和显气孔率变化不明显。随着烧成温度逐渐升高以及氧化钛加入量的增大，镁基复相材料中原位尖晶石的数量逐渐增加，尖晶石原位反应造成的体积膨胀效应逐渐凸显，烧后试样显气孔率逐渐增多，致密程度逐渐降低。氧化钛的加入虽然可以降低镁基复相材料中尖晶石原位反应的开始温度，削弱尖晶石原位反应过程中体积效应，但却大大促进了制品中高纯镁砂、氧化铝和氧化铬固相反应和原位尖晶石数量的增加。同时氧化钛促进方镁石复相材料烧结的原因也有被认为是镁离子和钛离子的离子半径很接近，后者易于固溶到方镁石中，结果导致空位浓度增加和产生错位，促进了方镁石的扩散烧结，因此氧化钛的双重作用也是导致镁基复相材料性能变化的主要影响因素。

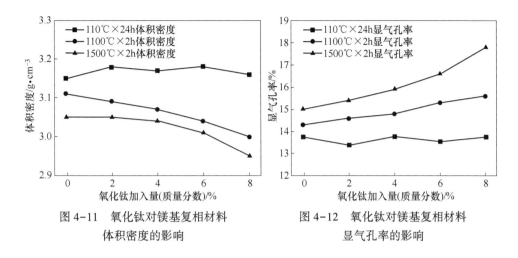

图 4-11　氧化钛对镁基复相材料
体积密度的影响

图 4-12　氧化钛对镁基复相材料
显气孔率的影响

4.3.2.4　氧化钛对镁基复相材料烧后常温抗折强度的影响

从图 4-13 氧化钛对镁基复相材料经 110℃ 干燥后、1100℃ 烧后和 1500℃ 烧后试样常温抗折强度的影响趋势可以看出，经 1100℃ 和 1500℃ 烧后试样的常温抗折强度随着氧化钛加入量的增加呈先增大后减小趋势，说明氧化钛可以促进镁石—尖晶石镁基复相材料的烧结性能，当氧化钛加入量（质量分数）为 6% 时，烧后试样的常温抗折强度最大。而各配方镁基复相材料经 110℃ 干燥后的常温抗折强度随氧化钛加入量增加的变化趋势不明显，而干燥后制品的常温强度主要是源于结合剂的网络结构，试验选用的结合剂（磷酸盐结合剂）在不烧砖内部形成的网络结构干燥后具有较好的结合强度。

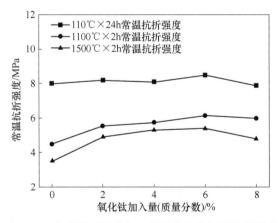

图 4-13　氧化钛对镁基复相材料常温抗折强度的影响

4.3.2.5　氧化钛对镁基复相材料热震稳定性的影响

图 4-14 为氧化钛对镁基复相材料热震稳定性的影响图。从图中 1500℃ 烧后

镁基复相材料热震前常温耐压强度的变化趋势可以看出，1500℃烧后制品的常温耐压强度随着氧化钛加入量的增加呈现先增大后减小趋势，当氧化钛加入量（质量分数）为2%时，5号烧后制品的常温耐压强度最大。同时可以看出加入4%（质量分数）氧化钛的6号镁基复相材料的烧后常温耐压强度明显高于0号镁基复相材料的烧后常温耐压强度，从热震前后试样常温耐压强度保持率的变化趋势可以看出，当氧化钛加入量（质量分数）为4%时，镁基复相材料热震前后试样常温耐压强度保持率也是最高，达到94.3%，烧后制品的热震稳定性最好。烧后的镁基复相材料结构中由于原位反应生成镁铝尖晶石、镁铬尖晶石以及镁铝铬尖晶石固溶体的复相结构，使得烧后镁基复相材料基质结构中由于三者热膨胀系数不同而形成大量微小裂纹。根据经典的微裂纹增韧理论，材料结构中微小裂纹的存在可以有效缓解结构中的拉应力和压应力。随着镁基复相材料中氧化钛加入量的增加，氧化钛对镁基复相材料的烧结行为在一定程度上缓解了高温条件下镁基复相材料制品线膨胀率和线膨胀系数变化过大对制品性能的影响，然而镁基复相材料烧结性的增强也不同程度地增多了制品液相数量，从镁基复相材料热震前后试样常温耐压强度保持率的变化趋势可以看出，当氧化钛加入量（质量分数）大于4%时，镁基复相材料热震前后试样常温耐压强度保持率呈下降趋势，适量引入氧化钛不仅有利于镁基复相材料的烧结性能，同时也有利于提高镁基复相材料的热震稳定性。

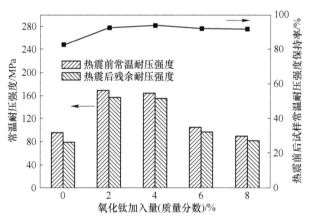

图 4-14　氧化钛对镁基复相材料热震稳定性的影响

4.3.3　锆英石对镁质复相材料性能的影响

不烧镁基复相材料中适量引入锆英石有利于提高系统的抗渣性及热震稳定性，锆英石中二氧化硅与镁质材料中氧化镁形成高熔点矿物相镁橄榄石，同时锆英石中二氧化锆能吸收渣中的氧化钙形成锆酸钙，堵塞材料中气孔，抑制渣的进一步渗透等。本节重点研究在镁基复相材料的基质中引入锆英石，分析锆英石对镁基复相材料烧结性能、热膨胀性和热震稳定性的影响。

4.3.3.1 锆英石对镁基复相材料热膨胀系数和热膨胀率的影响

图 4-15 和图 4-16 为锆英石对镁基复相材料试样线膨胀率和线膨胀系数的影响图。从图中线膨胀率随试样温度变化趋势可以看出，当试样温度小于 1100℃时，镁基复相材料试样线膨胀率随着试样温度升高而逐渐稳定增大，锆英石的加入对镁基复相材料线膨胀率影响不大。

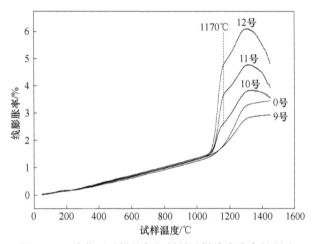

图 4-15　锆英石对镁基复相材料试样线膨胀率的影响

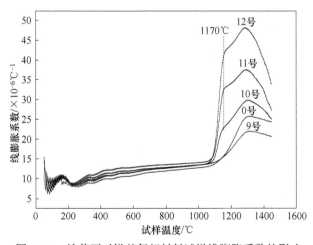

图 4-16　锆英石对镁基复相材料试样线膨胀系数的影响

9 号试样的线变化率和线膨胀系数出现了与 0 号相似的变化趋势，当试验温度大于 1300℃时，9 号试样的线膨胀率的增大趋势减缓，线膨胀系数呈减小趋势。锆英石加入量（质量分数）小于4%时，镁基复相材料在1100~1300℃之间的线膨胀率和线膨胀系数随锆英石加入量增大而减小。分析认为基质中高纯镁砂细粉、氧化铝微粉和氧化铬微粉在约1100℃时开始固相反应形成镁铝尖晶石、镁铬尖晶石以及镁铝铬尖晶石固溶体是导致镁基复相材料试样热膨胀系数增大的主要原因。

10号~12号试样的热膨胀率和热膨胀系数在1100~1300℃之间时，出现了比9号更大的增大趋势，其中在1170℃时出现了一个拐点，热膨胀率和热膨胀系数增大趋势减弱。结合9号试样在1100℃的线膨胀率和线膨胀系数的变化关系分析认为，在1100℃出现热膨胀率和热膨胀系数显著增大的原因有两个方面：（1）镁基复相材料基质中原位尖晶石的形成伴随有8%~10%的体积膨胀导致了镁基复相材料试样线膨胀系数的增大，当试验温度达到1300℃时，试样体积效应最强，而温度的继续升高和原位反应的逐渐结束使得不烧砖试样的线膨胀系数逐渐减小。（2）镁基复相材料基质中原料——高纯镁砂中的氧化镁与锆英石在约1100℃时发生了反应（$MgO+ZrSiO_4 \rightarrow Mg_2SiO_4+$氧化锆），导致不烧砖试样的体积膨胀，反应形成了高温相镁橄榄石相和单斜晶型的二氧化锆。当试样温度达到1170℃，单斜晶型的二氧化锆转变为四方晶型的二氧化锆，单斜晶型二氧化锆的体积密度小于四方晶型二氧化锆的体积密度，镁基复相材料中二氧化锆晶型转变所形成的体积收缩可以部分抵消尖晶石原位反应以及氧化镁与锆英石固相反应所形成的体积膨胀。10号~12号试样的热膨胀率和热膨胀系数在1170℃时出现的拐点也说明了以上分析，约1300℃时10号~12号配方试样的线膨胀系数最高值随锆英石加入量增加而增大。

4.3.3.2 锆英石对镁基复相材料烧后线变化率的影响

图4-17为锆英石对镁基复相材料烧后线变化率的影响图。图中1100℃和

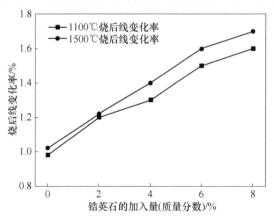

图4-17 锆英石对镁基复相材料烧后线变化率的影响

1500℃烧后试样的烧后线变化趋势可以看出,随着锆英石加入量增加,烧后试样的烧后线变化率逐渐增大,经1500℃烧后试样的膨胀性明显高于经1100℃烧后试样的膨胀性。分析认为,经1100℃烧后试样中锆英石与氧化镁固相反应产生的体积膨胀加剧,加之部分原位尖晶石的形成,因此随着锆英石加入量的增加,经1100℃烧后的烧后线变化率逐渐增大。经1500℃烧后试样中锆英石与氧化镁固相反应和二氧化锆晶型转变都已经结束,随着配方中锆英石加入量增加,形成的四方晶型二氧化锆有利于提高尖晶石的原位反应,因此经1500℃烧后试样的烧后线变化率呈逐渐增大趋势。

4.3.3.3 锆英石对镁基复相材料烧后体积密度和显气孔率的影响

图4-18和图4-19为镁基复相材料经110℃干燥、1100℃和1500℃烧后试样的体积密度和显气孔率变化趋势图。从图中锆英石对镁基复相材料经110℃干燥、1100℃和1500℃烧后试样体积密度和显气孔率的影响趋势可以看出,经过110℃干燥后试样的体积密度和显气孔率随着锆英石加入量的增加变化趋势不明显,试样体积密度在3.15~3.18g/cm³范围之内,显气孔率在12%~14%范围之内。而随着锆英石加入量的增加,经1100℃烧后试样的体积密度呈现逐渐减小趋势,显气孔率呈现逐渐增大趋势。当锆英石加入量(质量分数)小于6%时,经1500℃烧后试样体积密度随着锆英石加入量增加而逐渐减小,显气孔率逐渐增大。分析认为经1500℃烧后试样随着锆英石加入量增加,镁基复相材料试样基体烧结性增强,虽然烧后试样出现体积膨胀,但基体烧结性能增强使得镁基复相材料烧后试样的体积密度随着锆英石的加入而增大。

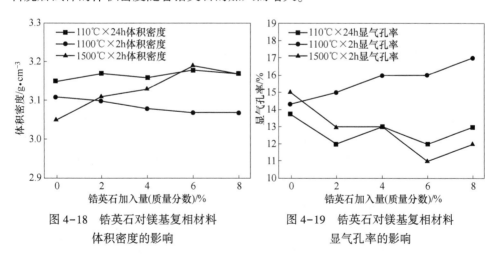

图4-18 锆英石对镁基复相材料
体积密度的影响

图4-19 锆英石对镁基复相材料
显气孔率的影响

4.3.3.4 锆英石对镁基复相材料烧后常温抗折强度的影响

图4-20为锆英石对镁基复相材料烧后常温抗折强度的影响图。从图中锆英石加入量对镁基复相材料经110℃干燥后试样常温抗折强度的影响趋势可以看

出，干燥后9号~12号试样的常温抗折强度变化趋势不明显。分析认为，经110℃干燥后试样的常温强度主要源于试验选用的磷酸盐结合剂在镁基复相材料内部所形成网络结构，干燥后不烧砖试样中多余的物理水蒸发出去，镁基复相材料中加入锆英石没有改变干燥后试样基体中磷酸盐所形成的网络结构。经1100℃和1500℃烧后试样常温抗折强度明显比经110℃干燥后试样的常温抗折强度小，分析认为1100℃烧后试样中几乎不存在磷酸盐结合的网络结构，烧后试样的常温强度随着锆英石与高纯镁砂中氧化镁固相反应所造成的体积膨胀而逐渐降低。经1500℃烧后试样的常温抗折强度随着锆英石加入量增加而呈现增大趋势，锆英石反应形成的二氧化锆对镁基复相材料起到促进烧结的作用，试样基质中形成的原位尖晶石以及反应形成的镁橄榄石有利于烧后镁基复相材料的直接结合。

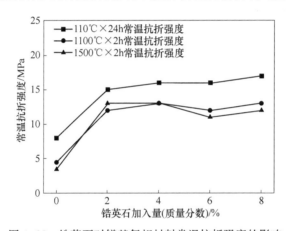

图4-20　锆英石对镁基复相材料常温抗折强度的影响

4.3.3.5　锆英石对镁基复相材料热震稳定性的影响

图4-21为锆英石对镁基复相材料试样热震稳定性的影响图。从图中热震后试样常温耐压强度保持率评价镁基复相材料试样热震稳定性可以看出，当锆英石加入量（质量分数）为4%时，即10号试样的热震稳定性最佳，镁基复相材料热震后试样常温耐压强度保持率也是最高，达到91.6%。同时从热震前后试样常温耐压强度变化趋势也可以看出，镁基复相材料中加入4%（质量分数）锆英石，烧后试样的常温耐压强度在热震前后均处于最高值。随着锆英石增加，经1500℃烧后试样热震稳定性明显好于0号和9号烧后试样的热震稳定性，10号~12号试样热震后试样常温耐压强度保持率均在86%以上。分析认为，随着烧后镁基复相材料中原位尖晶石数量的增加，不同种类和数量尖晶石（镁铝尖晶石、镁铬尖晶石、镁铝铬尖晶石固溶体）所形成的复相结构使得烧后镁基复相材料试样基质结构中形成了由于不同尖晶石热膨胀系数不同而形成的大量微小裂纹，从而缓解由于试样在承受温度变化过程中试样结构中所形成的热应力。随着锆英石

加入量的增加，锆英石与氧化镁形成高熔点矿物相镁橄榄石数量增大，不烧砖基质中形成了原位尖晶石、镁橄榄石和四方晶型二氧化锆的多相结构，结构中多种高温相所形成的复相结构有利于提高镁基复相材料试样的热震稳定性。

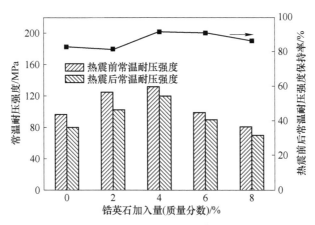

图 4-21　锆英石对镁基复相材料试样热震稳定性的影响

4.3.4　铝钛渣对镁基复相材料热膨胀行为的影响

镁基复相材料尤其是方镁石—尖晶石复相材料的烧结性能是影响镁基复相材料使用性能的重要因素。铝钛渣作为铁合金生产过程中的工业副产品，具有氧化铝和二氧化钛含量高、杂质成分稳定的特点。本节采用铝钛渣作为镁基复相材料的促烧结剂，通过在镁基复相材料的基质中引入铝钛渣，对比分析烧前和烧后镁基复相材料线膨胀率和线膨胀系数的变化趋势。

4.3.4.1　铝钛渣对镁基复相材料热膨胀系数和热膨胀率的影响

图 4-22 和图 4-23 所示分别为铝钛渣对镁基复相材料线膨胀率和线膨胀系数的影响图。试验对 0 号、14 号和 16 号配方试样的热膨胀率和热膨胀系数进行了对比分析。

从镁基复相材料线膨胀率随温度变化关系分析，0 号、14 号和 16 号镁基复相材料试验温度小于 1100℃时，线膨胀率随着试样温度升高而逐渐稳步增大，各配方试样的线膨胀率区别不大。从各配方试样的线膨胀系数之间的关系可以看出，试验温度小于 1100℃时，0 号配方试样的线膨胀系数小于 14 号和 16 号的线膨胀系数。而随着试验温度的升高，当试验温度在 1100~1300℃之间时，14 号和 16 号的线膨胀系数却明显小于 0 号配方试样的线膨胀系数，同时 0 号配方试样的线膨胀率出现较大的增大趋势，并且增大趋势明显高于 14 号和 16 号的线膨胀率的增大趋势。随着镁基复相材料配方试样中铝钛渣加入量的增加，试样在 1100~1300℃之间的线膨胀系数呈现减小趋势，分析认为在此温度段出现的各配方试样

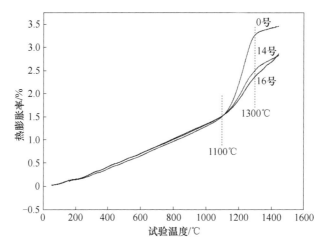

图 4-22 铝钛渣对镁基复相材料线膨胀率的影响

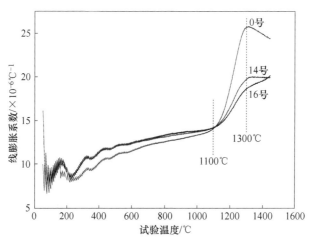

图 4-23 铝钛渣对镁基复相材料线膨胀系数的影响

线膨胀率的显著增大是源于镁基复相材料基质中高纯镁砂细粉、氧化铝微粉和氧化铬微粉的固相反应。固相反应生成镁铝尖晶石、镁铬尖晶石以及镁铝铬尖晶石固溶体的过程中，镁基复相材料会产生较大的体积膨胀，然而随着基质中铝钛渣的加入量增多，镁基复相材料的烧结性能逐渐增强，烧结所产生的体积收缩抵消了固相反应所造成的部分体积膨胀，因此出现了随着铝钛渣加入量增大、镁基复相材料热膨胀率逐渐减小的现象。

4.3.4.2 铝钛渣对镁基复相材料烧后线变化率的影响

图 4-24 为铝钛渣对镁基复相材料烧后线变化的影响图。从图中试样烧后线变化的趋势可以看出，随着煅烧温度的增加，试样的烧后线变化率逐渐增大，同

时随着铝钛渣加入量逐渐增加，试样烧后线变化率也逐渐增大。说明铝钛渣可以部分促进系统中原位尖晶石的形成，原位反应同时导致烧后试样的线变化率逐渐增大。

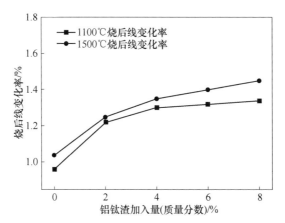

图 4-24　铝钛渣对镁基复相材料试样烧后线变化的影响

4.3.4.3　铝钛渣对镁基复相材料烧后体积密度和显气孔率的影响

试验分析了镁基复相材料经 110℃ 干燥、1100℃ 和 1500℃ 烧后试样的体积密度和显气孔率的变化趋势。图 4-25 和图 4-26 为铝钛渣对镁基复相材料体积密度和显气孔率的影响图，从图中铝钛渣加入量对镁基复相材料经 110℃ 干燥后试样体积密度和显气孔率的影响趋势可以看出，试样体积密度和显气孔率的变化趋势不明显，分析认为铝钛渣与镁基复相材料的高纯镁砂原料体积密度相差不大，试验用铝钛渣和高纯镁砂粒度相同，因此干燥后镁基复相材料的致密度相差不大。

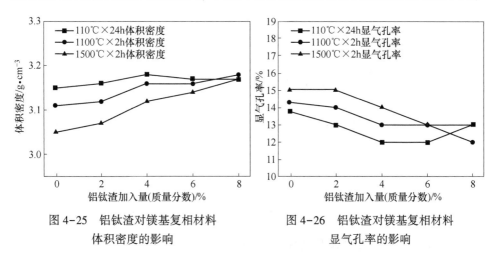

图 4-25　铝钛渣对镁基复相材料
体积密度的影响

图 4-26　铝钛渣对镁基复相材料
显气孔率的影响

从图 4-25 和图 4-26 中铝钛渣对镁基复相材料经 1100℃ 和 1500℃ 烧后试样

体积密度和显气孔率的影响趋势可以看出，烧后的镁基复相材料的体积密度随铝钛渣加入量的增大而逐渐增大，显气孔率呈逐渐减小趋势。经1500℃烧后的镁基复相材料的体积密度普遍小于经1100℃烧后的镁基复相材料体积密度，分析认为煅烧温度的升高有利于镁基复相材料基质中尖晶石的原位反应，原位反应所产生的体积膨胀是导致煅烧温度升高而致密度降低的主要原因。随着铝钛渣加入量的增多，经1100℃和1500℃烧后镁基复相材料的体积密度呈逐渐增大趋势，烧后的镁基复相材料的常温抗折强度同样表现出逐渐增大趋势，当铝钛渣加入量（质量分数）为8%时，经1100℃和1500℃烧后的镁基复相材料16号试样的常温抗折强度达到5.3MPa和6.9MPa。

4.3.4.4 铝钛渣对镁基复相材料烧后常温抗折强度的影响

图4-27为铝钛渣对镁基复相材料常温抗折强度的影响图。从图中铝钛渣加入量与干燥后镁基复相材料的常温抗折强度的变化趋势同样可以看出，干燥后试样的常温抗折强度变化趋势同样不明显。经110℃干燥后镁基复相材料的常温强度主要来源于磷酸盐结合剂在镁基复相材料内部形成磷酸盐网络结构，随着干燥后镁基复相材料中物理水的完全蒸发，镁基复相材料结构中磷酸盐形成的网络结构得到了增强，镁基复相材料基质中加入铝钛渣没有对镁基复相材料的磷酸盐结合造成影响，干燥后各配方试样的常温抗折强度差别不大。试验对经1100℃和1500℃烧后的各配方试样进行了检测。烧后镁基复相材料常温性能的变化趋势说明铝钛渣对镁基复相材料具有较强的促烧结性，铝钛渣中杂质氧化物在高温条件下与主成分氧化镁以及氧化铝、氧化铬等形成低熔点相或液相，高温液相冷却所形成玻璃相提高了镁基复相材料的致密性和常温强度。

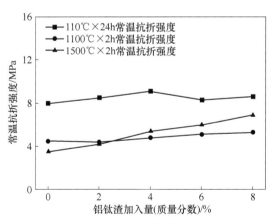

图4-27 铝钛渣对镁基复相材料常温抗折强度的影响

4.3.4.5 铝钛渣对镁基复相材料热震稳定性的影响

从图4-28中铝钛渣对镁基复相材料热震前后常温耐压强度的影响趋势可以

看出，随着铝钛渣加入量的增大，镁基复相材料热震前的常温耐压强度呈逐渐增大趋势，而热震后试样的常温耐压强度的增大趋势减缓，镁基复相材料热震前后的常温耐压强度保持率呈先增大后减小的趋势。当铝钛渣加入量（质量分数）为2%时，镁基复相材料的常温耐压强度保持率达到最高值87.9%。分析认为，随着烧后镁基复相材料中尖晶石原位反应的结束，镁铝尖晶石、镁铬尖晶石和镁铝铬尖晶石固溶体所形成的复相结构使得烧后镁基复相材料基质结构中形成了大量的微小裂纹，缓解了镁基复相材料由于温度变化所形成热应力，提高了镁基复相材料热震稳定性。然而随着铝钛渣加入量的增大，烧后镁基复相材料基质中玻璃相数量逐渐增多，微裂纹数量减少，因此在一定程度上影响了镁基复相材料的热震稳定性。

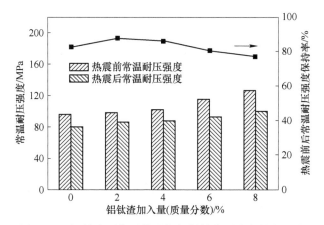

图4-28　铝钛渣对烧后镁基复相材料热震稳定性的影响

5 镁质复相烧成类耐火材料

为适应高温工业的发展，耐火材料在产品种类、质量和功能等方面面临着巨大的挑战。而镁质复合材料的品种和技术水平有待提高，研究开发出优质高效的镁质复合材料迫在眉睫。就研究耐火材料方面而言，添加剂对镁质复合材料的高温性能十分重要。下面就几种不同的添加剂对镁质复合材料性能的影响作为试验的研究内容。

5.1 镁质复相烧成类耐火材料在滑动水口上应用的基础研究

5.1.1 钢铁冶金用滑动水口

作为连铸过程中控制钢水流量的关键装置——滑动水口装置，自获得成功以来，以其可控性好、装卸方便、浇铸安全在大多数国家迅速推广，而且以其优于传统的塞棒系统的优越性能，也促进了炉外精炼技术及连铸的自动化的发展，同时降低了连铸耐火材料成本。连铸用耐火材料一般包括钢包用耐火材料、中间包用耐火材料和功能耐火材料。

滑板（slide nozzle plate）是滑动水口系统中关键的、重要的组成部分，属于连铸功能耐火材料，具有钢水注入和流量调节功能，它承受高温钢液的化学侵蚀和物理冲刷以及剧烈的热冲击，使用条件十分苛刻；同时滑板在连铸生产中消耗量巨大，因此研究和开发高质量的滑板对于安全高效生产及降低生产成本是非常重要的。

滑板应用于生产已有 30 多年的历史，滑板元件从无到有，性能结构改进的技术开发工作从来没有停止过。滑板的材质一直在不断地改进，耐火材料工作者研制了系列滑板来适应不同的冶炼工艺、不同钢种的大中型钢包和中间包的需要。目前大型钢包和中间包滑板主要选择铝锆碳质滑板。

通过耐火材料工作者多年来的努力，目前我国已经开发了一系列不同材质的滑板，如满足不同钢种浇铸的中间包滑板和钢包滑板。

从材质性质上讲，Al_2O_3-ZrO_2-C 质滑板以其优良的抗侵蚀性和热震稳定性，能适应多种钢种的浇铸，适宜用作钢包滑板。而根据宝钢实践 Al_2O_3-ZrO_2-C 质滑板在浇铸镇静钢时，作为中间包滑板可实现多炉连浇，在宝钢 Al_2O_3-ZrO_2-C 质滑板的使用量约占总使用量的 95% 以上。MgO-C 质、MgO-Al_2O_3-C 质、ZrO_2

质滑板的热震稳定性较 $Al_2O_3-ZrO_2-C$ 质滑板差，比较适合于特殊钢条件下作为中间包滑板使用。其中由于 Al_2O_3、$MgO-Al_2O_3$ 可与 CaO 反应生成低熔物，因此对于钙处理钢，选用 $MgO-C$ 质和 ZrO_2 质滑板；由于 Al_2O_3 与 ZrO_2 可与 FeO 反应生成低熔物，因此，在浇铸高氧钢时通常选用 $MgO-C$ 质或 $MgO-Al_2O_3-C$ 质滑板。

从经济上讲，在大型连铸机系统中大量使用的仍然是 $Al_2O_3-ZrO_2-C$ 或 Al_2O_3-C 烧成高档滑板。但在模铸或小型连铸系统中大量使用的还是 Al_2O_3-C 不烧的低档滑板、镁碳不烧滑板等。

目前，由于钢包滑动水口系统存在一定缺陷，滑动机构使用可靠性不强，造成浇钢用滑板砖使用次数少、连用的危险性大的问题也十分突出，不但增加了工人的劳动强度及周转使用的钢包数量，而且不利于钢包温度的提高，同时造成浇钢系统耐火材料的消耗较高。如果钢包能够实现滑板连用，不仅能减少耐火材料的消耗，降低成本，而且能减少周转钢包的个数从而减轻钢包供应及周转的压力。

浇铸特种钢的苛刻条件也使得提高滑板质量成为一个迫在眉睫的问题，现有的 Al_2O_3-C、$Al_2O_3-MgO-C$、$Al_2O_3-ZrO_2-C$ 等材质滑板在浇铸钙处理钢时，钢液中的［Ca］与滑板材料中的 O_2、Al_2O_3、SiO_2 反应生成 CaO，随之 CaO 又与 Al_2O_3、SiO_2 反应，形成 $CaO-Al_2O_3-SiO_2$ 系的低熔物，在钢液的冲刷作用下，低熔物随钢液移走形成滑板的侵蚀凹坑。

总之，当前的滑板使用还存在很多突出的问题，包括以下几方面：

（1）无论是 $Al_2O_3-ZrO_2-C$ 质、Al_2O_3-C 质、$MgO-C$ 质、$MgO-Al_2O_3-C$ 质和 ZrO_2 质滑板都没有完全摆脱碳氧化的问题。

（2）生产过程复杂，如 $Al_2O_3-ZrO_2-C$ 质滑板的生产过程包括原料、混炼、成型、埋碳烧成、钻孔、浸油、打磨和加铁箍过程。

（3）成本昂贵，由于生产过程复杂，增大了工人的劳动强度，增加了产品成本；而且滑板的原料，如刚玉和氧化锆市场价格的增加，也限制了现有滑板的生产。

传统材质的滑板可以满足以前普通钢种的要求，而对于目前越来越多的钙处理钢、Al/Si 镇静钢、高氧钢，目前的滑板已经越来越不能满足现代工业的要求，开发出适合不同钢种的不同材质的滑板来满足多炉连浇的要求已迫在眉睫。镁质复合材料以其良好的使用效果已经在高温建造材料和结构材料中广泛出现，如何将这种优质的复合材料应用到炼钢工艺中是本节内容的主要出发点，本节的任务就是对镁质复合材料的生产机理以及在炼钢工艺中的适用性进行系统研究。对影响镁质复合材料的颗粒配比、配方、生产工艺参数等进行优化。

镁质复合滑板的意义在于：

（1）镁质复合滑板的主要化学成分是碱性氧化物，不存在氧化问题。

（2）充分利用了方镁石、尖晶石材料的高熔点、耐钢水侵蚀的特性。

（3）主晶相为方镁石，结合相是镁铝尖晶石，适合特种钢的浇铸。

（4）可以充分利用我国的镁质资源。

（5）镁质复合滑板一般都附加加固铁箍，镁质滑板的热膨胀系数为 13.5×10^{-6}，与钢铁的热膨胀系数 11×10^{-6} 相近，可以避免滑板在使用时的脱箍现象发生。

5.1.2 滑动水口装置的发展与使用现状

5.1.2.1 滑动水口装置简介

滑动水口装置是由耐火材料制成的上、下滑板（中间包滑动水口还有中间滑板）和机械驱动机构及配套的上、下水口组成。安装在钢包或中间包的底部外侧，上滑板是固定的，下滑板（或中间滑板）是可移动的。

滑动水口装置是炼钢生产中的关键性功能耐火材料之一。其作用是控制钢水从钢包向中间包及从中间包向结晶器浇铸的开关及流量大小，起着控制钢水流动的"阀门"作用。因其在浇钢过程中不停地滑动，使用条件苛刻，因而对其材质及外形尺寸有着严格的要求。

滑动水口装置之所以能替代塞棒系统在各国广泛应用，主要是因为滑动水口装置与塞棒系统相比具有以下几个优点：

（1）装置安装在钢包的外部，装卸方便，浇铸安全可靠，能实现浇铸自动化。

（2）不仅起到了开浇作用，而且能准确地控制钢水的流速提高钢的质量。

（3）使中间包预热温度高，钢水温度降低少，本身受到急冷急热的影响小。

（4）钢包烘烤时间短，预热温度高，并能进行各种精炼处理。

5.1.2.2 滑动水口装置的分类及典型装置

滑动水口装置是安装在钢包底部控制钢流速度，进行合理浇铸的装置。滑动水口装置可以按以下方式进行分类：按组成滑动水口系统的滑板块数可分为两层式和三层式。两层式滑动水口系统中有两块滑板，即上滑板和下滑板，操作时上滑板不动，通过下滑板进行截流和节流，其结构及操作情况如图5-1所示；三层式滑动水口机构中有三块滑板，即上滑板、中间滑板和下滑板，操作时上下滑板不动，利用中间滑板来控制钢液流动，如图5-2所示。

按照滑板动作方式可分三类：（1）直线往复式。（2）直线推进式。（3）回转式。

通常根据盛钢桶的容量、浇铸方法和冶炼钢种等条件来选择滑动水口装置的种类。目前，滑动水口装置使用最多的是直线往复箱式滑动水口装置。

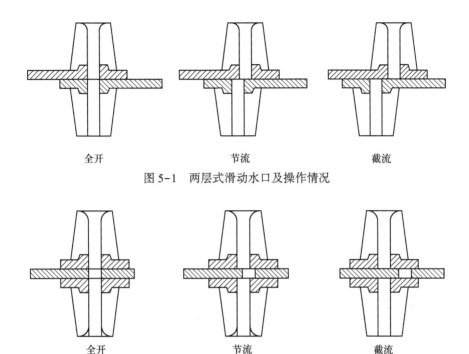

图 5-1 两层式滑动水口及操作情况

全开　　　　　　　节流　　　　　　　截流

图 5-2 三层式滑动水口及操作情况

下面介绍 4 种典型的滑动水口装置：

（1）因特斯托甫式滑动水口装置。因特斯托甫式滑动水口装置是西德于 1964 年研制成功的，被欧美和日本等许多国家采用。图 5-3 为其装置示意图。

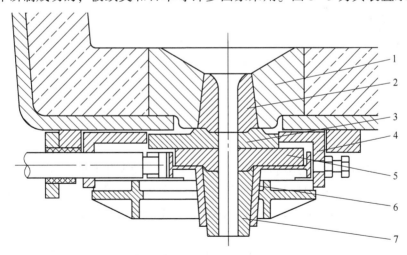

图 5-3 因特斯托甫式滑动水口装置示意图

1—座砖；2—上水口；3—上滑板；4—框架；5—下滑板；6—滑动盒；7—下水口

它的框架是封闭式的，下滑板和下水口利用油压机压入滑板盒中，以防止使用时滑板胀裂。装卸有专用工具，工作时借助于液压马达驱动拉杆，带动滑动盒直线往复运动。当上下滑板砖上的铸口错开时，上水口内填上填料，钢包即可装钢；当铸口重合时即可浇铸，并可以通过铸口部分重合的程度来控制铸钢速度。

（2）梅塔肯式滑动水口装置。梅塔肯式滑动水口是瑞士于1967年研制成功的，日本引进后做了改进，发展成三菱梅塔肯式滑动水口装置，如图5-4所示，它是直线往复式的，主要由框架、滑动盒和压板组成，与因特斯托甫式的不同点是可用于长时间节流浇铸，即能调节钢水的铸速，而且滑板和水口的装卸十分方便。

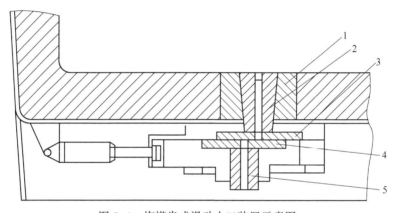

图5-4 梅塔肯式滑动水口装置示意图
1—座砖；2—上水口；3—上滑板；4—下滑板；5—下水口

（3）回转式滑动水口装置。日本各厂除广泛采用因特斯托甫式和三菱梅塔肯式滑动水口装置外，钢管公司于1969年研制成功了回转式滑动水口装置，如图5-5所示。它的特点是滑板用了弹簧支撑，下滑板与上滑板之间的紧密度好，不易跑漏钢。同时，下滑板砖上有2~3个铸口，并借助转动机构而沿圆周方向转动。当铸口错位时，盛钢桶可装钢水，重合时则进行浇铸。由于滑板上铸口多，孔径又各不相同，所以使用时间长，并容易调节铸钢速度，实现多次使用。

（4）费罗肯式滑动水口装置。费罗肯式滑动水口装置是美国钢铁公司研制成功的。该装置为直线往复折叶式，即固定板、滑动板和上下水口砖均装在金属箱内，盖板上下折动，便可拆卸和安装。上下滑板砖采用弹簧支撑，与上滑板砖间的紧密度较好、移动方便，基本不跑漏钢，图5-6为费罗肯式滑动水口装置示意图。

以上4种结构都各有特点，但其结构的共同点都是由上下滑板、上下水口、机械传动装置及配套装置组成。由于上下滑板直接控制钢水流量的装置，为了防止结瘤，使浇铸系统易于实现自动化，机构一般采用双层式结构，而且滑板反复

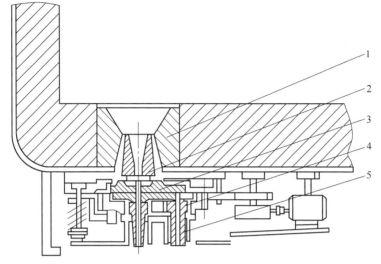

图 5-5 回转式滑动水口装置示意图

1—座砖；2—上水口；3—固定盘；4—旋转盘；5—下水口

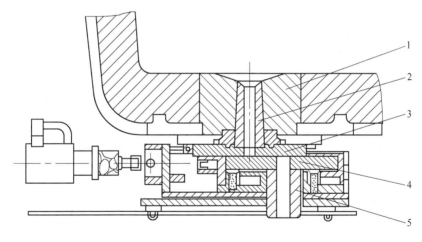

图 5-6 费罗肯式滑动水口装置

1—座砖；2—上水口；3—上滑板；4—下滑板；5—下水口

接触高温钢水，使用条件苛刻就必然要求滑板具备以下性能来保证在浇铸过程中滑板间不漏钢水，其结构和性能一般要满足：

（1）滑动面平滑、平整度好。

（2）机械强度高。

（3）耐钢水和熔渣的侵蚀能力强。

（4）不易附着钢水。

5.1.2.3　滑板的分类及演变

A　高铝质滑板

20 世纪 80 年代以前我国炼钢以平炉为主，也有转炉及部分电炉，后接模铸，钢包容量小、浇钢时间短，基本没有连铸和炉外精炼。这时的滑板生产和普通高铝质砖的生产工艺相仿，以矾土熟料为主原料，经高温烧成形成莫来石结合相，然后再浸沥青。这种高铝滑板满足了当时我国小型钢包模铸的需要，但存在以下缺点：

(1) 抗侵蚀性差，滑动面和铸口侵蚀严重。

(2) 热震稳定性差，使用中易产生裂纹。

B　铝碳质滑板

铝碳质滑板经历了不烧铝碳质和烧成铝碳质。20 世纪 80 年代初，国内开始开发 Al_2O_3-C 质滑板。在高铝质滑板的配料中添加石墨、石油焦等碳素材料及 Si、SiC 等防氧化剂，用水玻璃和磷酸盐做结合剂，经低温烘烤后浸沥青而生产不烧滑板。为了提高抗侵蚀性和热震稳定性，在颗粒料中添加了合成莫来石、红柱石和碳化硅材料，在基质中添加了刚玉和碳化硅。为了增加碳网的强度，降低气孔率，又添加了少量沥青粉。由于碳素材料的热膨胀系数小、导热性好，且不易被液态金属和熔渣润湿，再加上树脂结合，使颗粒之间形成碳网结合，从而增加了滑板的高温强度。碳网把颗粒包裹起来形成了难被熔融物浸润的表面，这种滑板比高铝质滑板在抗侵蚀性和热震方面有明显改进。目前我国大多数 30t 以下钢包普遍采用这种不烧滑板。但其不足是仅能用一次，主要问题出现在以下两个方面：热态强度低，滑动面磨损严重；耐开裂性差。

烧成铝碳质滑板是 20 世纪 70 年代末期开发的产品，以烧结氧化铝和合成莫来石为主要原料，在基质中部分添加碳组分和防氧化剂（如金属铝、金属硅、SiC、B_4C、Mg-B 等），加入结合剂煤沥青或酚醛树脂混炼成型；在还原气氛下烧成，形成碳结合耐火材料。这种材质的滑板因其组织致密、气孔微细，并含有一定数量的残碳，钢液和渣液难以浸渍，故耐侵蚀性良好；但其缺点正是由于组织致密，耐热冲击性则有所下降，不能多次连续使用，其次，在使用过程中，由于碳易被氧化，导致结构疏松，降低了耐侵蚀性。

近年来，又开发了金属氮化物结合铝碳滑板。以生产滑板常用的刚玉为骨料，以金属铝粉为主基质，添加适量的催化剂，使金属铝在适宜的温度下进行熔融和适度氮化，最后得到的材料结构以刚玉为骨架。金属铝形成连续薄膜，包裹在颗粒的周围，AlN 作为增强体，均匀地分散在金属基体中，形成细晶结构，其目的首先在于利用 AlN 的低膨胀系数和优异的热导率，提高滑板的抗热震性，生成的 AlN 微小粒子弥散在基质中能阻碍位错运动和裂纹扩展，并兼有弥散增韧作用，而且高温下熔融的金属铝呈塑性状态，可填充气孔，同时降低陶瓷材料的脆性，充分发挥金属铝和氮化铝的抗氧化性以及氮化铝的非润湿性，提高滑板抵抗高钙及高氧钢侵蚀的能力。在浇铸钙处理钢和高氧钢显示出其优越性。

C　铝锆碳质滑板

铝碳质滑板具有相当好的性能和适用性，但在多次使用中的开裂和滑动面磨损是制约其寿命提高的关键。铝锆碳质滑板是在烧成铝碳质滑板的基础上研制开发的。这种材质的滑板采用了低膨胀率的 Al_2O_3-SiO_2-ZrO_2 系原料，制成以斜锆石、莫来石、刚玉等为主晶相，以碳结合为特征的耐火材料。首先引入锆莫来石做骨料，利用锆莫来石中的氧化锆在约1000℃时发生晶型转变，有体积收缩的特点，晶粒内产生微裂纹，大大改善了材料的耐热冲击性能。其次，ZrO_2 具有优良的抗侵蚀性，其耐侵蚀性较铝碳质滑板明显提高，成为现今大型钢铁企业滑板使用中的主流。

在宝钢，铝锆碳滑板所采用的主要原料是板状刚玉、锆刚玉、锆莫来石、碳类等，结合剂为残碳含量（质量分数）大于45%的酚醛树脂，外加剂为金属铝、硅、碳化硼及氧化铝微粉。2002年，宝钢转炉钢包滑板的平均使用寿命为2.5次，与日本等先进国家相比，寿命还是相对偏低。目前也有厂家采用以 TiO_2 增韧的高纯电熔锆刚玉为原料，赋予了滑板更优越的性能。

D　镁碳质和尖晶石碳质滑板

碳结合铝碳质和铝锆碳质滑板是目前国内外钢厂普遍采用的滑板材质，但这两种滑板在浇铸钙处理钢时，抗钙侵蚀性能能力差，不适应钙处理钢、Al/Si 镇静钢等钢种的浇铸。而氧化镁不与氧化钙反应生成低熔物且不与氧化亚铁反应，因此氧化镁滑板可适用于钙处理钢。镁质滑板首先在欧洲试验成功，因氧化镁具有良好的抗机械应力性能和抗化学侵蚀性能，一定程度上满足了浇铸钙处理钢和高氧钢的要求。但氧化镁滑板的热膨胀系数大，在浇钢时易出现热剥落，在抗热震方面还有待提高。同时越来越多的钙处理钢和大量的优质钢种的浇铸，使操作条件更加苛刻，氧化镁质材料也愈加不适应这些严酷的操作条件。英国的 Hepuorth 耐火材料公司对镁质滑板进行改进，由尖晶石材料替代氧化镁材料，来改善滑板的抗热震性和耐磨性。但在实际使用后也出现了贯穿裂纹、滑动区剥落、掉块、钢水渗透等问题，这些都影响了滑板的正常工作和使用寿命。

后来在方镁石质、尖晶石质滑板的基础上，开发了镁碳质和尖晶石碳质滑板，其中镁碳滑板进一步改善了方镁石滑板抗热震性差的缺点。在浇钢温度高、时间长以及钢水中氧和钙含量高的条件下，镁碳质滑板获得了满意的使用结果，但考虑其不令人满意的抗热震性方面的原因，其也仅限于用作中间包用滑板。

尖晶石碳质滑板是采用了镁铝尖晶石为主晶相，以陶瓷和碳复合结合为特征的耐火材料。镁铝尖晶石材料的热膨胀系数和弹性模量均比氧化镁小，抗热冲击性能比氧化镁强。但尖晶石材料与钢中钙发生缓慢的化学反应，生成低熔物影响其使用寿命。通过在制造过程中，改进原材料，并对泥料的粒度分布及烧成温度加以改进和控制，尖晶石碳质滑板的抗侵蚀性均有很大提高，使用寿命也明显增加。

E　氧化锆质滑板

氧化锆质材料具有良好的耐蚀性（$CaO-ZrO_2$ 系平衡液相温度在 2000℃ 以上）和耐剥落性（较低的热膨胀系数）。采用热压成型的氧化锆滑板具有高温强度高、显气孔率低、气孔孔径小等特点，在中间包上使用时耐钢水侵蚀性良好。氧化镁部分稳定的氧化锆质滑板，在苛刻的浇铸条件下，使用寿命高达 10 次。

氧化锆材料具有良好高温性能，但出于其成本等原因，工业上一般采用在铝碳滑板铸孔周围镶嵌氧化锆锆环制成复合滑板。其基体为铝碳质，中间使用部分镶嵌部分稳定氧化锆锆环。由于铝碳质基体不与钢水直接接触就避免了钢水对基体的直接侵蚀，而且基体成分价格较低，占滑板大部分重量；锆环价格相对较高，占滑板较小部分的重量。这种镶嵌式滑板合理地使用了材料，既获得良好的使用效果，又降低了生产成本。随着我国钢液钙处理化逐年增加，镶嵌式滑板的应用前景十分广阔。

5.1.2.4　滑板的国内外使用情况

在国外，滑板砖的构思早在 19 世纪已提出。首先在美国，根据磨面的两个磨盘移动原理开发成功，1884 年美国的 D. LEWIS 申请了专利，后来也有不少类似的专利，但均因材质不过关而未能实现。随着耐火材料制造工艺的发展，为滑动水口提供了较理想的材料，同时由于连铸工艺迫切需要，促成了滑动水口浇铸工艺的全面发展，1964 年，西德本特勒钢铁公司在 22T 钢包上采用滑动水口装置代替塞棒系统进行浇钢，首次获得成功，并迅速推广到许多国家。

在国内，真正的研制工作是从 1958 年开始的，鞍钢首先提出了外上塞棒和旋转塞头的设想。虽然当时因各种原因未能成功，但实践证明这种思路是正确的，直到 1965 年后全国各地都开始了滑动水口的生产试验。20 世纪 70 年代中期鞍钢率先在模铸钢包上试验一次性使用的滑板砖，开发了不烧铝碳质滑板砖、不烧镁碳质滑板砖，取消了模铸钢工艺中的塞棒系统。80 年代，随着宝钢工程整套技术的引进，上海第二耐火厂首先从日本黑崎公司引进作为配套耐火材料的高档滑板砖生产线，采用 $Al_2O_3-ZrO_2-C$ 烧成滑板的生产工艺软件生产 $Al_2O_3-ZrO_2-C$ 材质滑板。该材质滑板包含了钢包滑板与中间包滑板，在中国首次实现了大型连铸工艺中取消塞棒浇铸的工艺。80 年代末期，鞍钢从日本神户制钢引进了一条大型板坯连铸机生产线，其配套的耐火材料均为日本品川公司的材料。该连铸系统也采用 $Al_2O_3-ZrO_2-C$ 烧成滑板，整个连铸生产线也取消了塞棒浇铸控制系统，并且使中间包滑板系统不仅起开浇作用，也起节流作用，用计算机来控制和调节滑板的开度来稳定结晶器内液面位置。

5.1.2.5 滑板形状的演变

滑板经过 20 多年的应用，材质和几何形状均得到了明显的改进和完善。目前我国应用的滑板形状主要有 Flocon 型、Krosaki 型、Interstop 型及它们的改型。早期滑板形状的设计主要考虑安全性及尽量降低钢水的二次氧化和氮气的吸入量而设计成大面积的滑板，现在形状的改进主要从以下几方面考虑：

（1）减少滑板在使用过程中造成的热应力和机械应力集中，将原来的薄带钢多圈缠绕钢箍改为整体热套箍，并改变滑板的固定方式给滑板以合理的、适当的预应力以抑制工作面裂纹的产生和扩展。

（2）在安全可行的前提下，尽量减轻重量（减小滑动面和厚度尺寸）以降低生产和使用过程中的劳动强度和成本。

（3）尽量使形状简单化便于生产，以便控制整块滑板各部位的性能在较小范围内波动，趋于均一。

滑板形状的演变如图 5-7 所示。滑板形状的改进立足于机构设计、使用操作和耐火材料生产三方面的密切合作，使滑板在使用上安全、操作上简单、技术上可靠、经济上可行。

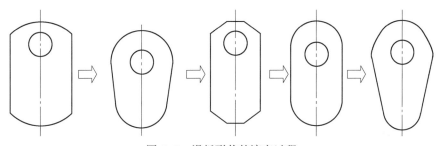

图 5-7　滑板形状的演变过程

5.1.3　滑动水口的损毁机理

滑板用耐火材料因其结构、用途、使用条件等不同，显示出了不同的损毁形式。如两层式滑板和三层式滑板就不同，三层式滑板由上下滑板固定，中间滑板两面均为滑动面，铸孔活动比较自由，所以表面容易发生起毛现象，一旦龟裂扩展，铸孔在滑动方向上剥落较严重；而两层式滑板上下滑板通过子母扣固定在上下水口上，只有一个滑动面，所以在同等条件下，铸孔在滑动方向上剥落情况会好一点。

对于直进往复式和旋转式滑板的损毁不同点就在于龟裂方向的不同，但基本的损毁形式差别不大。

钢包和中间包的使用条件不同，因此滑板用耐火材料也有着不同的损毁形式，首先表现在中间包滑板与熔渣几乎不发生相互作用；而且中间包用滑动水口装置的耐火材料预先加热到 800℃ 左右，开始铸钢时的温差是从开始的 700 ~ 800℃ 至铸钢温度（1520~1560℃）；而钢包滑动水口装置的耐火材料在铸钢开始前仅为 100℃ 左右，每次使用时，一个周期的温差则是从 100~400℃ 至 1600~1670℃。中间包滑板受热震影响小，其损毁的主要原因是钢流造成的磨损或由于固定节流开闭时所引起的堵塞。这些因素都会引起钢包滑板和中间包滑板蚀损的形式和程度的不同。

　　另外，滑板还由于浇铸的钢种不同和浇铸方法（模铸或连铸）不同，蚀损情况和蚀损程度也各不相同。对滑板损坏过程的诸多分析来看，最主要的原因有三个方面，即热机械蚀损、热化学侵蚀和操作因素的影响。

5.1.3.1　热机械蚀损

　　滑板在使用过程中首先产生的是热机械蚀损，钢包滑板在工作前的温度很低，浇铸时，滑板内孔突然与高温钢水（约 1600℃）接触而受到强烈热震（温度变化约为 1400℃），因此在铸孔外部就会产生超过滑板强度的拉应力，导致形成以铸孔为中心的辐射状的裂纹。裂纹的出现有利于外来杂质的扩散、集聚和渗透，更加速了化学侵蚀。同时化学侵蚀反应又促进裂纹的形成与扩展，如此循环，使滑板铸孔逐步扩大、损毁。而且高温钢水的冲刷会损伤靠近与钢水摩擦部位的耐火材料，造成材料剥落。

　　热机械损毁主要包括的理论有热冲击断裂理论和热冲击损伤理论。热冲击断裂理论主要关注的是裂纹成核问题，热冲击损伤理论主要关注裂纹扩展问题。

　　根据 Kingery 热弹性理论得出初期抗热应力断裂系数 R。

$$R = S(1-\mu)/Ea \qquad (5-1)$$

　　一旦龟裂产生并不断扩展，按照 Hasslman 断裂力学理论，这种龟裂应力的阻力系数 R_{ST} 为

$$R_{ST} = \left[\gamma(1-\mu)/E_0 a^2 \right]^{1/2} \qquad (5-2)$$

式中　S——抗拉强度；

　　　　E——弹性模量；

　　　　μ——泊松比；

　　　　E_0——无龟裂时的弹性模数；

　　　　a——热膨胀系数；

　　　　R——断裂能。

　　式（5-1）和式（5-2）表明：材料热膨胀系数和弹性模量越小，抗热应力断裂系数 R 和龟裂应力阻力系数 R_{ST} 数值越大，龟裂就越难产生和扩展，材料的热震稳定性就越好。而通过在基体中引入其他物质来降低耐火材料的弹性模量，同样可以增加抗热应力断裂系数和龟裂应力阻力系数，提高滑板的耐热冲击性。上述 5 种材质滑板中以 $Al_2O_3-C-ZrO_2$ 质滑板的 R 和 R_{ST} 最大，依次是 Al_2O_3-C

质、ZrO_2 质、尖晶石-C 质和 MgO-C 质。

5.1.3.2 热化学侵蚀

热化学侵蚀是滑板材料损毁的另一个主要原因，滑板用耐火材料在使用过程中接触高温钢水和炉渣，发生一系列化学反应，造成化学侵蚀。依据不同钢种对滑板的化学损毁机理不同以及使用条件的不同，选择相应材质的滑板，可提高滑板的使用寿命，降低耐火材料成本。如 MgO-C 质、$MgO \cdot Al_2O_3$-C 质、ZrO_2 质滑板的热震稳定性较 Al_2O_3-ZrO_2-C 质差，适合于特殊钢条件下作为中间包滑板使用。由于 Al_2O_3 和 $MgO \cdot Al_2O_3$ 可与 CaO 反应生成低熔物，因此对于钙处理钢，宜选用 MgO-C 质或 ZrO_2 质滑板；由于 Al_2O_3 和 ZrO_2 可与 FeO 反应生成低熔物，因此对于高氧钢，就选用 MgO-C 质或 $MgO \cdot Al_2O_3$-C 质滑板。根据宝钢实践 Al_2O_3-ZrO_2-C 质滑板在浇铸镇静钢时，作为中间包滑板使用可实现多炉连浇，是其他材质滑板所不能及的。

无论何种材质其热化学侵蚀一般都要包括以下几种形式：（1）含碳滑板的氧化侵蚀；（2）钢水中的 [Ca]、[Mn]、[Fe] 对耐火材料的侵蚀；（3）耐火材料本身所含物质的化学变化。

5.1.4 镁质复相烧成类滑动水口机理

通常耐火制品的显微结构有两种类型，一种是由硅酸盐（硅酸盐晶体矿物或玻璃体）结合物胶结晶体颗粒的结构类型，如图 5-8（a）所示，另一种是由晶体颗粒直接交错结合成的结晶网，如图 5-8（b）所示。这种显微结构上的差别取决于各相间的界面能和液相对固相的润湿情况。一般属于直接结合结构类型的制品的高温性能（高温力学强度、抗渣性和热震稳定性）要比由硅酸盐结合物胶结晶体颗粒的结构优越得多。

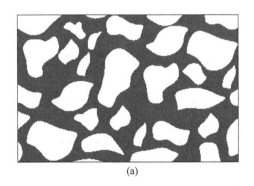
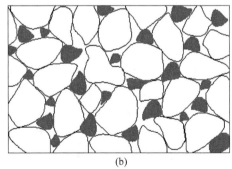

(a)　　　　　　　　　　　　　　(b)

图 5-8　耐火材料的显微结构

（a）硅酸盐结合；（b）直接结合

5.1.4.1 直接结合的实现途径

实现直接结合的途径一般包括三种，即优质原料的选择、工艺条件的优化和第二固相的引用。

A 优质原料的选择

要获得性能好的制品，从组成上考虑，主要是选择使用耐火度高，纯度较高的原料，杂质的含量要尽可能小，尽量发挥出基体原料的性能，才能保证最终制品具有较高性能；从材料的结构上考虑，一般应该选择结构致密的具有严格规定的组织结构才能获得所要求的特性。因为制品最终性能的好坏，是由组成和结构所决定的。

B 工艺条件的优化

(1) 严格控制原料的粒度。原料如果要获得足够的反应活性和可烧结性，通常要求原料要用微米级的粉料，而且粒度越细越有利于反应和烧结的进行。

(2) 成型工艺的选择。对于一个没有气相与液相参加的固相反应过程，由于压力加大导致相邻颗粒间平均距离缩小，接触面积增大，有利于反应的进行。高压成型通常有利于烧结体密度的提高，高压成型显得尤为重要。但通常，当成型压力提高到某一程度后，对固相反应过程影响趋于不明显，而且对于不同的原料的硬度应选择不同的成型压力，所以应通过试验找出合理的成型压力。

(3) 烧成温度和保温时间的确定。具体烧成条件须根据所用原料的质量和性能、配料比、粒度组成等具体情况，通过试验予以确定。

C 第二固相的引用

根据第二固相原理和镁质耐火材料的研究、生产和使用中的经验可以了解到在耐火材料的生产过程中，对于直接结合耐火材料中第二固相的引入应符合以下条件：

(1) 第二固相也是高温相，两相的共熔温度高于使用温度。

(2) 第二固相能固溶于主晶相。

(3) 通过原始物反应生成的第二固相能在主晶相间起到"搭桥"作用。

(4) 第二固相的晶体或颗粒易与主晶相织形成网络骨架。

(5) 第二固相可以通过基质中的原位反应形成，也可以作为原料加入。

5.1.4.2 基体材料的选择

基体材料是耐火材料性能的集中表现，它的性质决定了耐火材料的性质，从原料的选取上看，对于镁质复合滑板的开发和利用，基体成分选用氧化镁是明智的。氧化镁的引入可通过电熔镁砂、烧结镁砂和轻烧镁砂等，其中电熔镁砂又称电熔氧化镁，是在制品中形成方镁石的主要原料。电熔镁砂多选用较纯净的天然菱镁矿、轻烧镁粉在高温电弧炉内加热熔融，熔体自然冷却，主晶相方镁石首先自熔体中自由析晶，结晶长大，晶粒发育良好，晶体粗大，直接结合程度高，结构致密，而少量硅酸盐和其他结合矿物相呈孤立状分布。这一结构特点使电熔镁砂在氧化气氛中，能在2300℃以下保持稳定，高温结构强度、抗渣性优越。电熔镁砂能充分地发挥出方镁石的一些优越性能，是作为镁质复合滑板材料的最好的基体材料。

5.1.4.3 第二固相的选择

镁质复合材料一般采用硅酸盐结合和直接结合。对于镁质复合材料，硅酸盐结合较直接结合的制品性能要差，而且对于滑板材料来讲，硅酸盐结合的镁质复合材料更不能抵抗钢液成分的化学侵蚀；直接结合的这种结构使材料中方镁石之间、方镁石与第二固相之间晶粒能够直接结合，材料具有更高的高温强度、抗机械应力和较高的抗高温性能，符合第二固相引用的标准，所以对于滑板复合材料一般要采用尖晶石复合。

5.1.5 镁质复相烧成滑板的制备

5.1.5.1 镁质复相烧成滑板的骨料及基质料组成

镁尖晶石滑板主要原料电熔镁砂临界粒度为3~1mm，但由于电熔镁砂的热膨胀系数小，烧成时体积收缩大，使滑板热震稳定性不理想；尖晶石的热膨胀系数较小，烧成时体积膨胀形成微裂纹来提高滑板的热震稳定性，但尖晶石完全以细粉的方式加入，在基质中生成的原位尖晶石体积膨胀形成的微裂纹过多，会造成裂纹的扩展，不利于热震，还会影响滑板的强度。所以一部分尖晶石要以颗粒料的形式加入，临界粒度确定为2.5~1mm。中颗粒为1~0mm的电熔镁砂细粉。

根据最紧密堆积原理，要获得致密制品需要加入不同粒度的原料，加入电熔镁砂细粉，同时引入尖晶石细粉，并为了在基质中合成再生尖晶石，提高材料热震稳定性，促进方镁石和方镁石及方镁石和尖晶石的直接结合，需加入纯度高、活性大的 $\alpha-Al_2O_3$ 微粉。

颗粒级配对试样的物理性能影响很大，合理级配可以得到显气孔率低、体积密度大、常温耐压强度高的试样。根据图5-9中三组分填充物堆积密度最大组成，可初步确定材料的颗粒组成。

5.1.5.2 镁质复相烧成滑板的制备工艺

通过优化的颗粒级配的正交试验，得到最优的颗粒级配的基础上，加入纸浆废液3.8%，设计出配方，采用实验室现有中型混炼机进行混料，并把尖晶石细粉、电熔镁砂细粉和 $\alpha-Al_2O_3$ 细粉预混3min。混料时，先加电熔镁砂和尖晶石颗粒，预混3min，加入结合剂润湿颗粒表面，最后加入细粉，继续混炼15min。采用800t摩擦压砖机，成型压力为300MPa，压成标准砖。烧成设备：110m高温隧道窑，最高烧成温度：1760℃，保温时间：110min。因为镁铝尖晶石再结晶能力较弱，在大于1500℃有利于尖晶石的再结晶，根据经验，在温度较高（大于

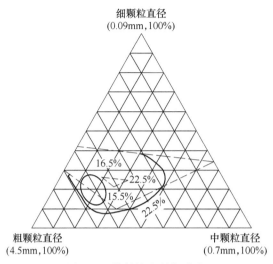

图 5-9　熟料堆积的气孔率

1600℃）烧成时，对制品的性能影响不大。降温过程中要缓慢降温，使二次尖晶石化完全。然后检验烧成后试样的线变化率，以及出现裂纹的试样，排除出现裂纹的试样。

5.1.5.3　镁质复相烧成滑板的性能检测

（1）热震稳定性。采用《耐火制品抗热震性试验方法　水急冷法》（YB/T 376.1—1995）进行检验。水急冷法指试样经受急热后，以 5~35℃ 流动的水作为冷却介质急剧冷却的方法。此标准适用于烧成耐火制品。采用电加热炉加热，在（1100±10）℃保温 20min，取出在水中急剧冷却 3min，在空气中放置 5min，如此反复，直到试样受热面破损一半时的急冷急热循环次数，作为有效计算。

（2）常温耐压强度。常温耐压强度是指致密定形耐火制品在室温下，单位面积上所能承受而不被破坏的载荷。采用《耐火材料　常温耐压强度试验方法》（GB/T 5072—2008）检测；切割出受压面 40mm×40mm 试样，用电热干燥箱在（110±5）℃下干燥 2h，然后自然冷却至室温。用压力试验机以（1.0±0.1）N/（mm² ·s）的加载速率连续加载，直至试样破碎，记下试验机所指的最大载荷。最大载荷与受压面机的比值即为常温耐压强度。

（3）显气孔率和体积密度。体积密度表示干燥制品的质量与总体积之比。显气孔率是指开口气孔与制品总体积之比。采用《致密定形耐火制品　体积密度、显气孔率和真气孔率试验方法》（GB/T 2997—2000）检测；切割体积为 50 ~200cm³、棱长不超过 80mm 的试样，放在电热干燥箱中于（110±5）℃烘干 2h，自然冷却至室温。称出试样的重量 m_1，放入抽真空装置中，抽真空至剩余压力小于 20mmHg，保持 5min，然后缓慢地注入水，至试样完全淹没，再保持抽真空

5min，停止抽气，静置 30min。称出饱和试样的表观质量 m_2、饱和试样在空气中的质量 m_3，计算出显气孔率：

$$P_a = \frac{m_3 - m_1}{m_3 - m_2} \times 100\% \tag{5-3}$$

体积密度：

$$D_b = \frac{m_1 D_1}{m_3 - m_2} \times 100\% \tag{5-4}$$

（4）线变化率。在试样两端面相互垂直的中心线上，距边棱 5~10mm 处的 4 个位置，对称地测量试样长度，精确至 0.01mm。本试验检测经 1760℃ 烧成并保温 2h 后试样的烧后线变化率。

烧后线变化率：

$$\Delta L_h = \frac{L_2 - L_0}{L_0} \times 100\% \tag{5-5}$$

式中　ΔL_h——试样烧后线变化率，%；

　　　L_2——焙烧后试样长度，mm；

　　　L_0——焙烧前试样长度，mm。

数据处理：列出每个试样的线变化单值和一组试样的算术平均值。线收缩以"−"号表示，线膨胀以"+"号表示。

（5）高温抗折强度。试样的高温抗折强度根据《耐火材料　高温抗折强度试验方法》（GB/T 3002—2004）进行检测。从抗折强度的检验方法可知，制品的物理摩擦因素、高温时液相黏度因素、膨胀因素都不是影响抗折强度的指标，指标的大小完全由产品烧结程度、矿物结构强度决定，它所表示的是抗弯曲破坏的能力，是检验耐火材料热力学性质不可缺少的指标项。高温抗折指标表明在高温下（镁质材料多为 1450~1500℃）抵抗剪切应力破坏的能力。

试样的应力增加速率为

$$R_e = \frac{3}{2} \frac{FL}{bh^2} \tag{5-6}$$

式中　R_e——试样的高温抗折强度，MPa（N/mm^2）；

　　　F——试样断裂时的最大载荷，N；

　　　L——支撑辊间的距离，mm；

　　　b——试样中部的宽度，mm；

　　　h——试样中部的高度，mm。

本试验检测经 1450℃ 烧成，并保温 0.5h 后试样的高温抗折强度。

（6）压蠕变性。根据《耐火材料　压蠕变试验方法》（GB/T 5073—2005）进行检测。用游标卡尺，沿着试样周边四等分处分别测量试样高度，精确至 0.01mm。将炉子提起，依次放置下垫片、试样、上垫片于支架棒上，尽量使三者与支架棒同心，且下垫片及试样中心空壁与差动管间没有摩擦。放下炉子，使试样处于炉内均温区。按照下列制度加热试样：1000℃的升温过程中，10℃/min，在1000~1450℃（试验温度）的升温过程中，4~5℃/min。试样到达试验温度后，恒温50h后停止试验。

$$烧后线变化率：\quad P = \frac{L_n - L_0}{L_i} \times 100\% \qquad (5-7)$$

式中　P——蠕变率，%；

　　　L_i——试样原始高度，mm；

　　　L_0——试样恒温开始时的高度，mm；

　　　L_n——试样恒温 n 小时的高度，mm。

（7）显微结构分析。将做完高温蠕变的试样制成光片，通过偏光显微镜及扫描对试样进行光学显微分析、岩相分析，深入观察压蠕变后试样的微观结构特征，分析其产生各种变化的原因。偏光显微镜岩相片制备过程如下：1）切取试样，利用切割机切割，切取试样时，为减轻仪器污染和保持良好的真空，试样尺寸要尽可能小些。2）煮胶，环氧树脂和三乙醇胺按一定比例混合，搅匀，利用干燥箱加热30min，放入试样，等到试样固化后，分开试样，烘干使其硬化。3）磨试样，利用磨盘及玻璃板把试样去胶，倒角，磨平，最后把试样抛光。然后烘干。扫描电镜的岩相片的制备过程基本同上，只是最后要蒸金，用真空镀膜机或离子溅射仪在试样表面上蒸涂（沉积）一层重金属导电膜（一般是在试样表面蒸涂一层金膜），这样既可以消除试样荷电现象，又可以增加试样表面导电导热性，减少电子束造成的试样（如高分子及生物试样）损伤、提高二次电子发射率。

5.1.6　镁质复相烧成滑板粒度级配

耐火制品致密化是提高耐火材料质量的重要途径，而坯料组成对坯体的致密度有很大影响，只有进行合理的颗粒级配，才有可能获得致密制品。本试验利用正交试验对组成镁尖晶石滑板的原料粒度级配进行优化。表5-1为颗粒级配的试验配方及级差分析。

表5-1　颗粒级配的试验配方及级差分析

序 号	颗 粒 组 成			成型压力 /MPa	体积密度 /g·cm⁻³
	粒度（3~1mm）	粒度（1~0mm）	细　粉		
1	40%	35%	25%	300	3.34
2	40%	32.5%	27.5%	300	2.92
3	40%	30%	30%	300	3.25
4	40%	27.5%	32.5%	300	3.31

序 号	颗 粒 组 成			成型压力 /MPa	体积密度 /g·cm⁻³
	粒度（3~1mm）	粒度（1~0mm）	细 粉		
5	37.5%	35%	27.5%	300	3.39
6	37.5%	32.5%	30%	300	3.40
7	37.5%	30%	32.5%	300	3.42
8	37.5%	27.5%	35%	300	3.41
9	35%	35%	30%	300	3.11
10	35%	32.5%	32.5%	300	3.27
11	35%	30%	35%	300	3.20
12	35%	27.5%	37.5%	300	3.01
13	32.5%	35%	32.5%	300	3.40
14	32.5%	32.5%	35%	300	3.25
15	32.5%	30%	37.5%	300	3.09
16	32.5%	27.5%	40%	300	3.36
k_1	12.82	13.24	—		—
k_2	13.62	12.99	—		—
k_3	12.59	12.96	—		—
k_4	13.10	13.09	—		—
K_1	3.205	3.31	—		—
K_2	3.405	3.248	—		—
K_3	3.148	3.240	—		—
K_4	3.275	3.273	—		—
极差	0.257	0.07	—		—
优化方案	A_2	B_1	—		—

以上数据做出颗粒级配与体积密度的关系如图 5-10 所示。从以上试验中得到最优化的颗粒级配粒度为 A_2B_1，其中对试样的体积密度影响最大的是 3~1mm 粒度材料的加入量。所以选择粒度 3~1mm 的骨料量为 37.5%、中颗粒量为 30%、细粉量为 32.5% 作为基础配比。

5.1.7 尖晶石对镁质复相烧成滑板性能的影响

5.1.7.1 尖晶石对材料常温耐压强度的影响

常温耐压强度是表明制品性能的重要考察因素，是判断制品质量的常用检验项目，尖晶石加入量与常温耐压强度的关系如图 5-11 所示。

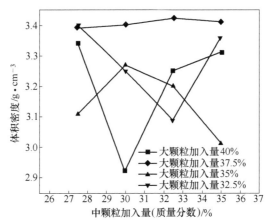

图 5-10 颗粒级配与体积密度的关系

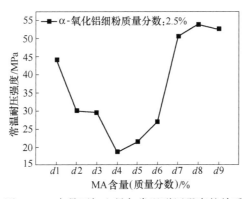

图 5-11 尖晶石加入量与常温耐压强度的关系

当尖晶石细粉质量分数小于 $d4\%$ 时，随着尖晶石细粉的加入材料的常温耐压强度逐渐下降。当尖晶石细粉加入量为零时，制品在烧成过程中基质中的方镁石颗粒容易再结晶，材料的结构强度较大，常温耐压强度较高。随着尖晶石细粉的加入，结构中的方镁石的再结晶受到限制，而且尖晶石与方镁石膨胀系数不同会生成微裂纹，降低制品的常温耐压强度。而当尖晶石质量分数大于 $d4\%$ 时，随着尖晶石细粉加入量增加，常温耐压强度逐渐升高，主要由于基质中尖晶石量的增多促进了方镁石与尖晶石的直接结合，所以随着加入的尖晶石含量的增加，材料的常温耐压强度也有所增加。

而且当材料中 α-Al_2O_3 质量分数增加到 5% 时，材料的常温耐压强度也出现比较类似的现象。随着尖晶石含量增加，材料的常温耐压强度先减小后增大，并且随着尖晶石细粉的进一步加入，材料的常温耐压强度变化趋于平缓，而且通过图 5-11 与图 5-12 可以看出 α-Al_2O_3 含量增加有利于尖晶石的形成，并有利于常温耐压强度的稳定。

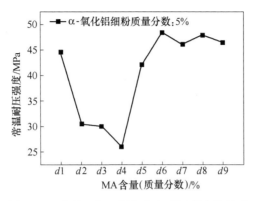

图 5-12 尖晶石加入量与常温耐压强度的关系

5.1.7.2 尖晶石对材料显气孔率和体积密度的影响

材料的显气孔率和体积密度是判断制品的性能好坏的重要标准，影响到材料的常温性能和高温性能，图 5-13 和图 5-14 是尖晶石细粉的加入量对滑板体积密度和显气孔率的关系图。

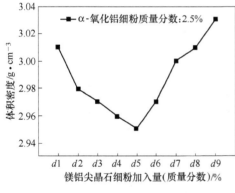

图 5-13 尖晶石加入量与体积密度的关系

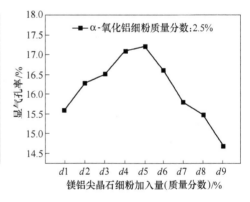

图 5-14 尖晶石加入量与显气孔率的关系

随着尖晶石细粉加入量的增加，砖体的体积密度呈先下降后上升趋势，显气孔率则呈先上升后下降趋势。主要原因可能是因为当加入少量尖晶石细粉时，材料基质中出现了热膨胀系数不同的物质使结构中出现裂纹，随着加入量的增加，裂纹数量增加，显气孔率增加，体积密度降低；而当尖晶石达到一定量时，随着尖晶石的量在基质中的增多，尖晶石在基质中再结晶机会增多，并且在基质中分布趋于均匀，减少了基质中的气孔和裂纹。所以随着尖晶石细粉加入量增加，体积密度增加，显气孔率降低。

5.1.7.3 尖晶石对材料热震稳定性的影响

本试验主要考察在基质中分别加入 2.5% 的 α-Al$_2$O$_3$ 和 5% 的 α-Al$_2$O$_3$，使基质中再生尖晶石数量一定的情况下，镁铝尖晶石细粉在镁质复合尖晶石材料中的含量对材料热震稳定性的影响。本着在基质中细粉总量不变的原则，增加镁铝尖晶石细粉的含量，降低电熔镁砂细粉的含量，研究预合成镁铝尖晶石含量对材料性能的影响。试验结果如图 5-15 所示。

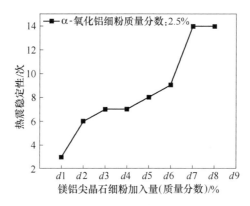

图 5-15 尖晶石含量与热震稳定性的关系

如图 5-15 可以看出：随着镁铝尖晶石含量的增加，砖体的热震稳定性呈上升趋势，在镁铝尖晶石质量分数为 $d1$% 时尖晶石细粉的加入量为 0。由于方镁石的热膨胀系数大，在经受急冷急热时，由于材料的热膨胀形成的裂纹很容易扩展，所以热震稳定性差。因为镁铝尖晶石的热膨胀系数比方镁石的热膨胀系数小，烧成时体积膨胀率不同，使砖体内部形成少量微裂纹，随着加入的镁铝尖晶石含量的增加，微裂纹增多，产生的微裂纹能缓冲热应力对砖体的冲击作用，因此逐渐提高了滑板的热震稳定性。但加入的尖晶石的量也是有一定范围的，可以观察到，当尖晶石的质量分数加入到 $d8$% 时，材料热震稳定性趋于平缓。

如图 5-16 可以看出：当 α-Al$_2$O$_3$ 加入量（质量分数）为 5% 时，随着镁铝尖晶石含量的增加，砖体的热震稳定性也呈上升趋势，这也说明在经受急冷急热时，由于材料的热膨胀形成的裂纹的不匹配有利于热震稳定性的提高。随着加入的镁铝尖晶石含量的增加，微裂纹逐渐增多，逐渐提高了滑板的热震稳定性。但同时也发现当尖晶石过多地加入时会出现热震稳定性下降的情况，这种问题的出现，主要还是因为当基质中的尖晶石含量增加到一定程度时与骨料中的方镁石的热膨胀量相差过大，当材料受到强烈温度变化时，结构中会出现粗大裂纹，不利于热震稳定性的提高。

5.1.7.4 尖晶石对材料显微结构的影响

显微结构分析是研究材料性能的重要手段，而图 5-17~图 5-20 为当 α-

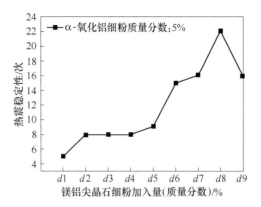

图 5-16 尖晶石含量与热震稳定性的关系

Al_2O_3 质量分数为 2.5%，尖晶石细粉质量分数在 $d1\%$、$d3\%$、$d5\%$、$d8\%$的镁质复合材料的显微结构。

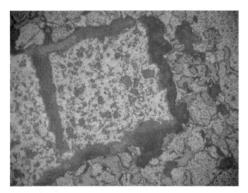

图 5-17 显微结构照片（1）（100×）

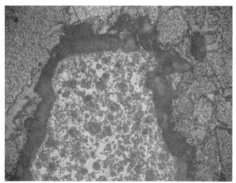

图 5-18 显微结构照片（2）（100×）

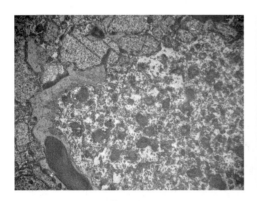

图 5-19 显微结构照片（3）（100×）

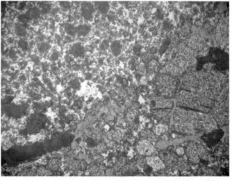

图 5-20 显微结构照片（4）（100×）

如图 5-17 所示，当尖晶石细粉的加入量为 $d1\%$ 时，基质中尖晶石含量特别少，而且呈聚集状态，几乎看不到再生尖晶石，而且骨料和基质存在很大的间隙，这种结构不利于材料性能的提高。由图 5-18~图 5-20 可知，随着尖晶石细粉含量的增加，尖晶石在基质中的含量增多，而且分布逐渐均匀，这样有利于方镁石与尖晶石形成直接结合，烧成过程中体积膨胀产生的应力均匀分散，起到提高滑板热震稳定性的作用。图 5-21~图 5-24 为当 $\alpha\text{-}Al_2O_3$ 加入量（质量分数）为 5%，尖晶石细粉质量分数在 $d1\%$、$d3\%$、$d5\%$、$d8\%$ 的镁质复合材料的显微结构。

图 5-21　显微结构照片（5）（100×）

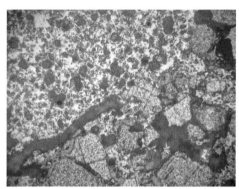

图 5-22　显微结构照片（6）（100×）

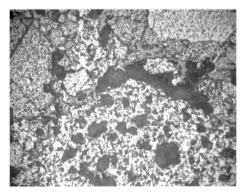

图 5-23　显微结构照片（7）（100×）

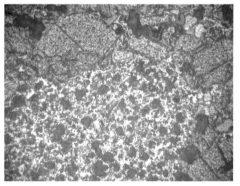

图 5-24　显微结构照片（8）（100×）

通过图 5-21~图 5-24 可以明显地看出，当 $\alpha\text{-}Al_2O_3$ 质量分数为 5% 时显微结构中尖晶石的质量分数比 $\alpha\text{-}Al_2O_3$ 质量分数为 2.5% 时多，因为 $\alpha\text{-}Al_2O_3$ 质量分数为 5% 时形成的再生尖晶石的量比 $\alpha\text{-}Al_2O_3$ 质量分数为 2.5% 所形成的尖晶石的量要多，这样提高了骨料之间的直接结合，使结构更致密，烧后性能良好。而且再生尖晶石体积膨胀在结构中所形成的微裂纹，使镁质复合材料的热震稳定性提高。

当 $\alpha\text{-}Al_2O_3$ 质量分数为 5% 时尖晶石的分布比当 $\alpha\text{-}Al_2O_3$ 质量分数为 2.5% 分布的相对均匀且连续，形成的微裂纹能很好地缓解热应力，使应力在材料内不至于大量聚集而使裂纹迅速扩展，所以热震稳定性会提高。尖晶石和方镁石热膨胀特性的不匹配是增加抗热循环破坏的主要原因。尖晶石的热膨胀系数小，使材料在使用过程中每一个尖晶石颗粒能被槽行环的气孔所包裹，使它们与方镁石基质有效地分离。在高应力的情况下，这种气孔能起到"开裂抑制器"的作用，消除了贯通结构的破坏能，而不是产生单一粗大的裂纹。

5.1.8　$\alpha\text{-}Al_2O_3$ 微粉对镁质复相烧成滑板性能的影响

$\alpha\text{-}Al_2O_3$ 的存在有助于再生镁铝尖晶石的产生，由于在基质中 $\alpha\text{-}Al_2O_3$ 与电熔镁砂都是以细粉形式加入，所以很容易形成再生尖晶石，促进骨料之间的直接结合。

5.1.8.1　$\alpha\text{-}Al_2O_3$ 加入量对材料常温耐压强度的影响

为了了解 $\alpha\text{-}Al_2O_3$ 加入量与常温耐压强度的关系，设计了尖晶石质量分数分别是 $a1\%$、$a2\%$、$a3\%$ 时，$\alpha\text{-}Al_2O_3$ 加入量 $w1\% \sim w5\%$ 对材料常温耐压强度的影响，如图 5-25~图 5-27 所示。

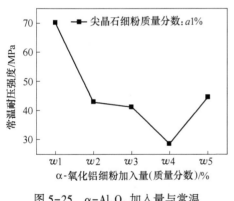
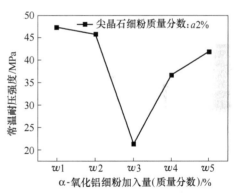

图 5-25　$\alpha\text{-}Al_2O_3$ 加入量与常温
耐压强度的关系（1）

图 5-26　$\alpha\text{-}Al_2O_3$ 加入量与常温
耐压强度的关系（2）

由图 5-25~图 5-27 可以看出，当 $\alpha\text{-}Al_2O_3$ 加入量小于某一个值时，随着 $\alpha\text{-}Al_2O_3$ 微粉加入量的增加，试样烧后常温耐压强度逐渐下降。本试验认为其主要原因是 $\alpha\text{-}Al_2O_3$ 微粉与电熔镁砂细粉生成再生尖晶石时体积发生 7% 膨胀，使结构中出现裂纹，所以随着 $\alpha\text{-}Al_2O_3$ 微粉加入量的增加，裂纹的数量增加，材料的常温耐压强度下降。而当 $\alpha\text{-}Al_2O_3$ 加入量大于某一值时，随着 $\alpha\text{-}Al_2O_3$ 微粉加入量的增加，试样烧后常温耐压强度逐渐上升，其主要原因随着 $\alpha\text{-}Al_2O_3$ 微粉加入

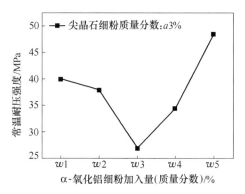

图 5-27　α-Al₂O₃ 加入量与常温耐压强度的关系 （3）

量的增加，虽然 α-Al₂O₃ 微粉与氧化镁细粉生成再生尖晶石时会发生体积膨胀，但形成的再生尖晶石分布均匀，而且与基质中的预合成尖晶石形成大量结晶，并与方镁石骨料形成直接结合。所以随着 α-Al₂O₃ 微粉加入量的增加，材料的常温耐压强度逐渐上升。

5.1.8.2　α-Al₂O₃ 加入量对材料体积密度和显气孔率的影响

本试验为了了解 α-Al₂O₃ 加入量与材料的显气孔率与体积密度关系，设计了尖晶石质量分数分别是 a1%、a2% 时，α-Al₂O₃ 加入量 w1%~w5% 对体积密度影响，如图 5-28 和图 5-29 所示。

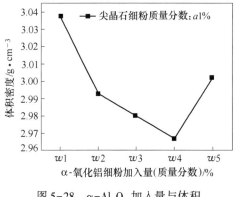

图 5-28　α-Al₂O₃ 加入量与体积
密度的关系 （1）

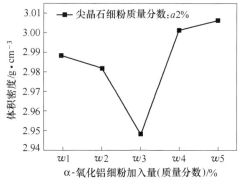

图 5-29　α-Al₂O₃ 加入量与体积
密度的关系 （2）

基质中 α-Al₂O₃ 加入量与材料的显气孔率的关系如图 5-30 和图 5-31 所示。材料的显气孔率和体积密度是反映材料体积致密程度和表面致密程度的标准，由图 5-28 和图 5-29 可知，α-Al₂O₃ 加入量与体积密度的关系，随着 α-Al₂O₃ 细粉加入量的增加，砖体的体积密度呈先下降后上升趋势。由图 5-30 和图 5-31 可知显气孔率呈先上升后下降趋势。分析其原因主要还是因为在基质中

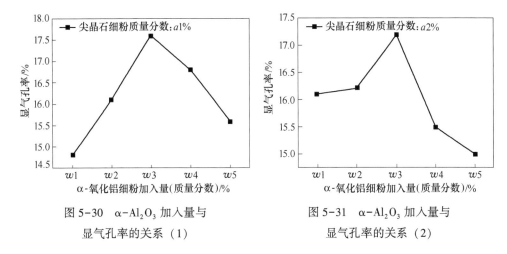

图 5-30　α-Al₂O₃ 加入量与　　　　　　　图 5-31　α-Al₂O₃ 加入量与
显气孔率的关系（1）　　　　　　　　　　显气孔率的关系（2）

α-Al$_2$O$_3$ 微粉与电熔镁砂细粉生成再生尖晶石时体积发生 7%体积膨胀，使结构中出现裂纹，所以随着 α-Al$_2$O$_3$ 微粉加入量的增加，裂纹的数量增加，材料的体积密度逐渐减小，显气孔率逐渐增加。而当 α-Al$_2$O$_3$ 加入量大于某一值时，随着 α-Al$_2$O$_3$ 微粉加入量的增加，虽然 α-Al$_2$O$_3$ 微粉与氧化镁细粉生成再生尖晶石时会发生体积膨胀，但形成的再生尖晶石分布均匀。而且随着尖晶石的量在基质中的增多会与基质中的预合成尖晶石形成大结晶或自身结晶，与方镁石骨料形成直接结合，减少了气孔和裂纹，所以随着 α-Al$_2$O$_3$ 细粉加入量增加，体积密度增加，显气孔率降低。

5.1.8.3　α-Al$_2$O$_3$ 加入量对材料热震稳定性的影响

热震稳定性是影响镁质复合滑板使用的关键因素，本试验主要目的就是研究随着 α-Al$_2$O$_3$ 细粉加入量对镁质复合材料热震稳定性的影响，其中骨料采用电熔镁砂和尖晶石颗粒复合，基质采用尖晶石细粉、电熔镁砂细粉和 α-Al$_2$O$_3$ 细粉复合，基质中尖晶石细粉质量分数 $a1\%$ 和 $a2\%$，研究 α-Al$_2$O$_3$ 细粉加入量由 $w1\% \sim w5\%$ 逐渐增加对镁质复合材料的热震稳定性的影响。如图 5-32 所示，当尖晶石质量分数为 $a1\%$ 时，随着 α-Al$_2$O$_3$ 细粉加入量的增加，材料的热震稳定性逐渐增加。

如图 5-33 所示，当尖晶石质量分数为 $a2\%$ 时，随着 α-Al$_2$O$_3$ 细粉加入量增加，材料的热震稳定性也逐渐增加。

由图 5-32 和图 5-33 可以看出，随着 α-Al$_2$O$_3$ 加入量的增加，滑板的热震稳定性逐渐增加。其主要原因是随着 α-Al$_2$O$_3$ 加入量增加，基质中 α-Al$_2$O$_3$ 与氧化镁生成的再生尖晶石的量增加，而且反应生成的再生尖晶石在基质中均匀分布，当材料受到热冲击时，由于基质中的尖晶石与方镁石热膨胀系数不匹配形成的微裂纹能够均匀分布，很好地缓解热应力对砖体的热冲击，所以热震稳定性逐渐增强。

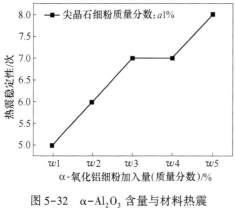

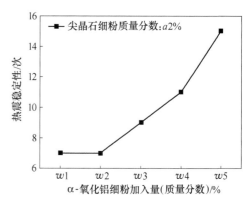

图 5-32 α-Al$_2$O$_3$ 含量与材料热震
稳定性的关系（1）

图 5-33 α-Al$_2$O$_3$ 含量与材料热震
稳定性的关系（2）

5.1.8.4 α-Al$_2$O$_3$ 加入量对材料显微结构的影响

从以上结论可以看出，材料的热震稳定性随着 α-Al$_2$O$_3$ 加入量的增加逐渐变好，而材料的常温耐压强度和体积密度呈先增大后减小的趋势，都是与其显微结构有很大关系的。尖晶石质量分数为 a1%时，通过图 5-34 和图 5-35 可以比较 α-Al$_2$O$_3$ 细粉质量分数在 2.5%、5%时的材料显微结构，随着 α-Al$_2$O$_3$ 细粉在基质中增多，基质中尖晶石含量增加，结构更加致密，而且，分布更加均匀，起到了连接骨料的作用。

图 5-34 和图 5-35 为尖晶石质量分数为 a1%，而 α-Al$_2$O$_3$ 细粉质量分数为 w3%、w5%时显微结构的反光照片。

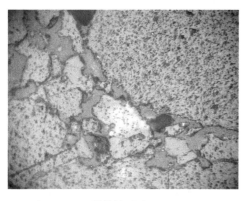

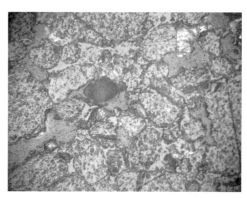

图 5-34 显微结构照片（9）（200×）

图 5-35 显微结构照片（10）（200×）

尖晶石质量分数为 a2%时，通过图 5-36 和图 5-37 可以比较 α-Al$_2$O$_3$ 细粉质量分数为 w3%、w5%时的材料显微结构，随着 α-Al$_2$O$_3$ 细粉在基质中增多，基质中尖晶石含量增加，材料的气孔变少，有利于材料显气孔率的减少和体积密度增加，这种结构增加材料中骨料的直接结合。而且尖晶石分布更加均匀，也有利于提高镁质复合材料热震稳定性。

图 5-36 和图 5-37 为尖晶石质量分数为 $a2\%$，而 $\alpha-Al_2O_3$ 细粉质量分数为 $w3\%$、$w5\%$ 时显微结构的反光照片。

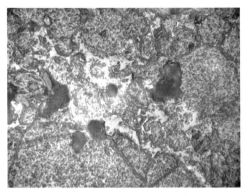

图 5-36 显微结构照片（11）（200×）

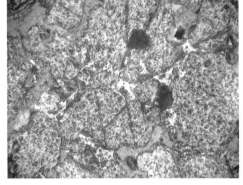

图 5-37 显微结构照片（12）（200×）

5.1.9 镁质复相烧成滑板与铝锆碳滑板性能对比

5.1.9.1 实验过程与宏观分析

为了分析和比较两种材质滑板材料的使用情况，实验采用在相同条件下将两种材质滑板材料分别制成两块试样，对称镶嵌在感应炉上的方法进行钢水侵蚀冲刷模拟试验。本试验的优点是能够使试样与钢水充分接触，而且利用钢水的电磁搅拌作用对试样进行冲刷，模拟滑板的使用条件。试验结构如图 5-38 所示。

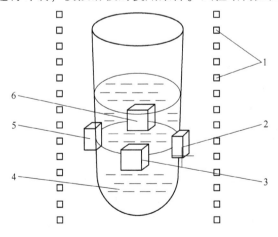

图 5-38 试验结构图

1—感应圈；2，5—铝锆碳滑板材料试样；3，6—镁质复合材料试样；4—钢液

试样的制备：采用切割机将两种材料切割成规格为 40mm×40mm×20mm 的长方体试样，经过干燥箱 110℃烘干 2h，待用。试验步骤：（1）将 10kg 60 号重轨钢（成分见表 5-2）加入到感应炉中，通水，通电；（2）待钢块溶化后缓慢加入 300g 烧结矿；（3）调整感应炉温度，加入 Al 条镇静；（4）出钢；（5）重复以上步骤，共 5 次。

表 5-2   重轨钢成分分析

钢　种	规格/kg·m⁻¹	$w(C)/\%$	$w(Si)/\%$	$w(Mn)/\%$	$w(P)/\%$	$w(S)/\%$
60 号重轨钢	60	0.70~0.80	0.69~0.80	1.02~1.16	0.01~0.031	0.005~0.014

试样经过 5 次模拟实验以后取出，侵蚀后的铝锆碳滑板材料试样左视图如图 5-39 所示，侵蚀后的镁质复合材料试样左视图如图 5-40 所示。

图 5-39　铝锆碳材料侵蚀后
试样左视图

图 5-40　镁质复合材料侵蚀后
试样左视图

由图 5-39 和图 5-40 可以观察到铝锆碳滑板的侵蚀深度远远大于镁质复合滑板的侵蚀深度，而且铝锆碳滑板的侵蚀形态不规则，属于纵向性侵蚀，由侵蚀试样的正视图 5-41 也可以看出：铝锆碳滑板材料表面凸凹不平，存在明显的孔隙，基质中的碳大量损失，结构发生了较大的变化。

由图 5-42 可以看出，镁质复合滑板的侵蚀层较窄，而且钢液侵蚀是均匀的，属于横向侵蚀，表面孔隙较铝锆碳滑板的表面孔隙要少，结构变化不明显。

5.1.9.2　铝锆碳滑板侵蚀前后试样微观分析

铝锆碳材料结构中包括刚玉和斜锆石骨料，刚玉占骨料总量的多数。基质中主要含有碳、氧化铝及少量 SiC。其中由于无定形碳充填在颗粒之间，基质几乎没有气孔分布，这也是以其自身特点决定的。但在同等条件侵蚀下，经历了 5 次试验后的铝锆碳滑板材料已经损失近 1/3，从使用后的显微结构照片可以看出材料的结构已经发生巨大的变化。图 5-43～图 5-45 为铝锆碳滑板材料侵蚀层、过

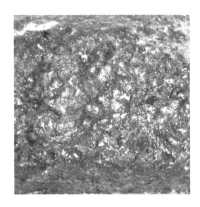

图 5-41　铝锆碳质滑板的两块试样的正视图

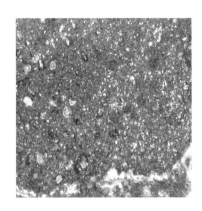

图 5-42　镁质复合滑板的两块试样的正视图

渡层、原砖层的显微结构照片。

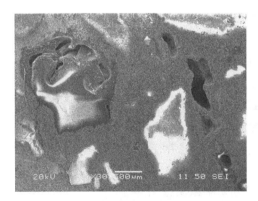

图 5-43　侵蚀层显微结构　　　　　　　图 5-44　过渡层显微结构

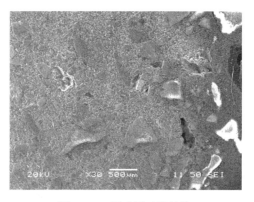

图 5-45　原砖层显微结构

从图 5-43~图 5-45 侵蚀层到原砖层的显微结构照片可以观察到，在材料的侵蚀层中已经出现了大量的气孔，而过渡层中也出现了少量的裂纹。材料的结构已经发生巨大的变化，而且通过能谱分析发现材料的化学组成也同样发生了很大的变化。图 5-46 为材料基质的侵蚀层中点扫描能谱分析。

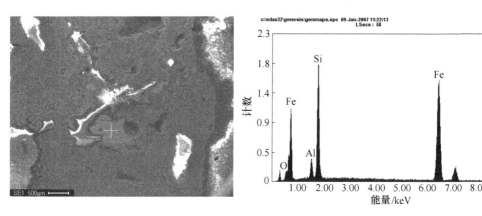

图 5-46　铝锆碳滑板材料侵蚀层点扫描能谱分析

由图 5-46 能谱分析可以看出，侵蚀层的基质中出现了不规则金属铁粒子，并且基质中出现锰元素，这也就加速了材料结构的破坏，使材料的结构脆化。

图 5-47 为材料基质的侵蚀层中骨料点扫描能谱分析。

由骨料的能谱分析得出，骨料并没有受到钢水进一步侵蚀，但是骨料之间的碳结合结构已经消失，材料也就消失了原有的强度，大量聚集在基质中流动的钢水会冲击材料中孤岛式骨料，而且流动的钢水不断携带有害元素对耐火材料进行化学侵蚀，使材料结构被进一步破坏。

5.1.9.3　镁质复相烧成滑板侵蚀前后试样微观分析

利用扫描电镜对使用前的镁质复合材料的显微结构进行了分析，分别对材料

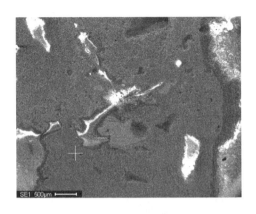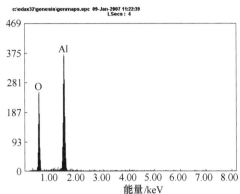

图 5-47　铝锆碳滑板材料侵蚀层骨料点扫描能谱分析

的整体结构进行了 30 倍、100 倍、300 倍、500 倍的观察,从图 5-48~图 5-51 可以观察到镁质复合滑板的显微结构比较致密,基质中存在的气孔分布比较均匀。图 5-48~图 5-51 为镁质复合材料 30 倍、100 倍、300 倍、500 倍的显微结构照片。

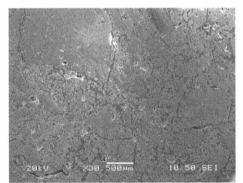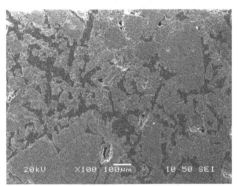

图 5-48　原砖显微结构 (30×)　　　　图 5-49　原砖显微结构 (100×)

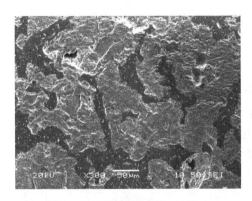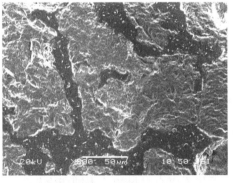

图 5-50　原砖显微结构 (300×)　　　　图 5-51　原砖显微结构 (500×)

从图 5-48 可以看出材料主要由颗粒和基质组成的斑状结构构成，颗粒包括两种，即方镁石与尖晶石，前者为主，后者为次。从图 5-50 与图 5-51 可以看出基质主要由方镁石和尖晶石微小粒子组成，虽然结构中存在大量的微小缝隙，但方镁石与尖晶石所形成的网络连接涵盖了整个基质。

利用扫描电镜对使用后的镁质复合材料的显微结构进行了分析，分别对材料的整体结构进行分析，图 5-52 为材料侵蚀整体显微结构图，图 5-53~图 5-57 为镁质复合材料被钢水侵蚀后的侵蚀层、过渡层、反应层的显微情况。

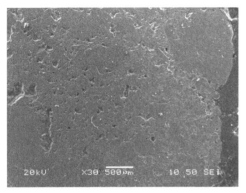

图 5-52   侵蚀整体显微结构 （30×）

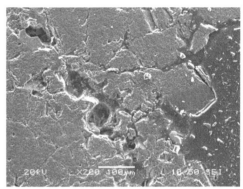

图 5-53   侵蚀层显微结构 （200×）

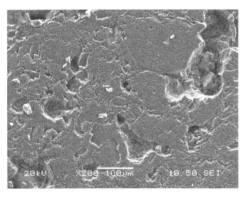

图 5-54   过渡层 1 显微结构 （200×）

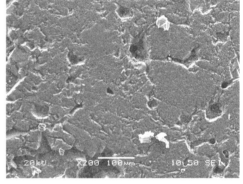

图 5-55   过渡层 2 显微结构 （200×）

图 5-53~图 5-57 为镁质复合材料侵蚀层到原砖层的 200 倍显微结构，从图 5-53 中可以看出材料有着不同程度的侵蚀，骨料有部分已经裸露，但材料的反应层比较窄，通过能谱分析图 5-58 看出，主要是由于钢中的 [Fe]、[Mn]、[Ca] 等元素对耐火材料的侵蚀，通过能谱分析图 5-59 可以看出，反应层深度很浅。而且由于镁质复合材料的氧化镁不易与钢中 [Fe]、[Mn]、[Ca] 反应，说明镁质复合材料的抗侵蚀能力很强，所以即使钢液进入材料的基质中，也只能是单纯的冲刷作用。这种材质的优势是提升镁质复合材料的使用寿命。

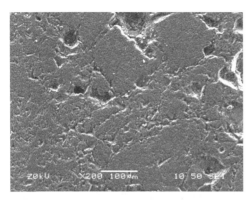

图 5-56 近原砖层显微结构（200×）

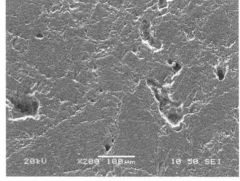

图 5-57 原砖层显微结构（200×）

而通过图 5-54 和图 5-55 可以看出，材料侵蚀的过渡层比较宽，而且过渡层中的结构比较均匀，与原砖层过渡缓和，有利于材料的抗剥落性的提高。

图 5-58 和图 5-59 为镁质复合材料侵蚀层点扫描能谱分析。

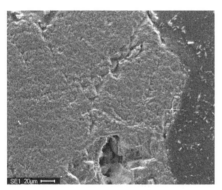
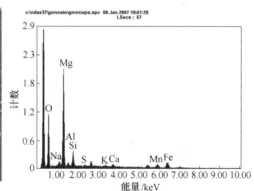

图 5-58 镁质复合材料侵蚀层点扫描能谱分析（1）

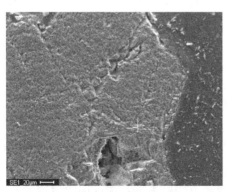
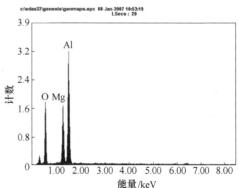

图 5-59 镁质复合材料侵蚀层点扫描能谱分析（2）

图 5-60 和图 5-61 为镁质复合材料侵蚀层基质中区域扫描能谱分析。

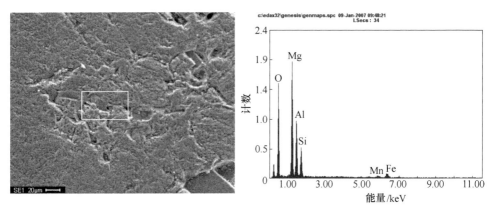

图 5-60 镁质复合材料侵蚀层区域扫描能谱分析

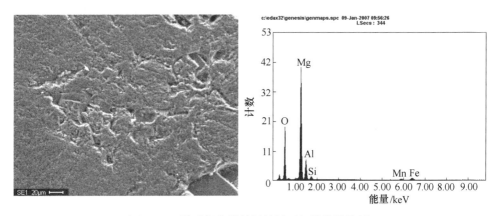

图 5-61 镁质复合材料侵蚀层面扫描能谱分析

由图 5-60 和图 5-61 的能谱分析可以了解钢水中的［Fe］、［Mn］主要通过基质对材料进行侵蚀，而且在基质中分布均匀且含量较少，不会对基质造成很大的伤害，而且部分起到提高材料致密度的作用。

图 5-62 和图 5-63 为镁质复合材料侵蚀层骨料和骨料边缘点扫描能谱分析图。

材料的侵蚀层骨料点扫描能谱分析如图 5-62 所示，方镁石骨料的侵蚀仅限于骨料的边缘。镁质复合材料的侵蚀主要还是通过基质进行侵蚀的，而电熔镁砂与尖晶石骨料很少能够被剧烈侵蚀。

由图 5-63 镁质复合材料侵蚀层骨料边缘点扫描能谱分析可以看出，方镁石骨料周围的 Si 含量一般很高，材料中的 SiO_2 可以与 MgO 形成化合物起到了直接结合的作用，代替和分担了尖晶石作为直接结合相的地位，使侵蚀层结构更为致密，阻止了侵蚀的进一步加深。

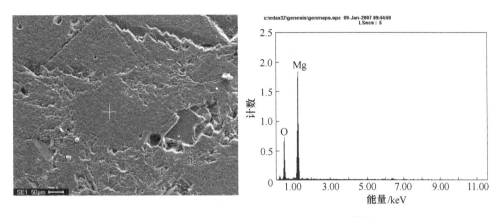

图 5-62 镁质复合材料侵蚀层骨料点扫描能谱分析

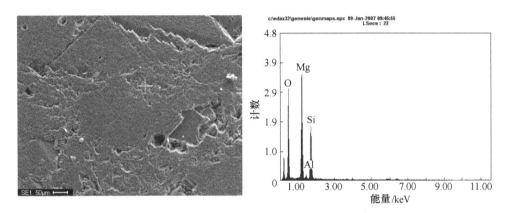

图 5-63 镁质复合材料侵蚀层骨料边缘点扫描能谱分析

5.1.10 氧化铝、氧化铬对镁质复相烧成滑板抗钢水侵蚀性的影响

为进一步探究镁质复相烧成滑板材料与钢水之间的作用机理，开展氧化铝、氧化铬对镁质复相烧成滑板抗钢水侵蚀性影响的研究。钢水与耐火材料之间的作用过程一般包括物理过程和化学过程。由于钢水的冲刷使耐火材料整块落入熔钢中，形成尺寸较大的外来杂质，这一过程是物理过程。耐火材料的组成元素溶解到熔融钢液中，包括构成耐火材料的氧化物或氮化物、碳及各种结合剂与添加剂。这些元素融入到钢铁中会改变钢的组成，特别对洁净钢及超洁净钢的质量产生较大影响，这一过程为物理化学过程。方镁石—尖晶石复合材料作为一种高级复合耐火材料广泛应用在钢铁冶金、水泥等工业，研究方镁石—尖晶石材料抗钢水侵蚀性对该材料在洁净钢及超洁净钢的应用具有十分重要的意义。

试验选用原料同本节所选原料，试验配方见表 5-3。按照试验配方进行称量，骨料、细粉需要各自预先混合，结合剂为 3.8% 的纸浆废液，混炼时间

20min；成型设备为 200t 液压机，成型压力 200MPa，试样尺寸 40mm×40mm×160mm；烧成设备为高温隧道窑，烧成温度 1760℃，保温时间 2h。烧后试样性能检测按照致密定性耐火制品检测标准进行检测。

表5-3 试验配方（质量分数） （%）

组 成	1-1	1-2	1-3	2-1	2-2	2-3
耐火骨料	68	68	68	68	68	68
电熔镁砂细粉	31	29	27	31	29	27
α-氧化铝微粉	1	3	5	—	—	—
氧化铬微粉	—	—	—	1	3	5

试样切割按照感应炉炉壁厚度一半的标准，将试样切割成尺寸为 40mm×40mm×30mm 长方体，顺次均匀镶嵌在感应炉炉壁上。试验装置图及试样安装方式如图 5-64 所示。试验用钢与 5.1.9 节重轨钢相同，试验步骤与 5.1.9 节所述试验步骤相同，试验后炉中的试样依次按照顺序进行观察，测量试样的侵蚀深度，并对材料的侵蚀形态进行分析。

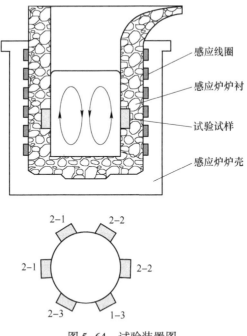

图 5-64 试验装置图

5.1.10.1 氧化铝、氧化铬对镁质复相烧成滑板钢水侵蚀后显微影响

通过对 6 块试样的宏观观察及侵蚀深度的测量，发现随着 Al_2O_3、Cr_2O_3 加入量的增加，材料的侵蚀深度逐渐增加，材料的抗侵蚀性逐渐减弱。由于材料的侵蚀

情况比较复杂，侵蚀表面凸凹不平，所以本试验采用反光显微镜对材料的显微结构进行分析。通过对试样原砖层观察，Al_2O_3 的加入有利于材料基质中镁铝尖晶石的生成。如图 5-65 所示，Al_2O_3 加入量增加，基质中镁铝尖晶石量增加，且镁铝尖晶石分布均匀。如图 5-66 所示，2-3 试样原砖层显微结构，Cr_2O_3 加入有利于材料中镁铬尖晶石的生成，Cr_2O_3 加入量增加使材料中的镁铬尖晶石量增加，而且由于 Cr_2O_3 的存在，基质中玻璃相能够有效地孤立，提高了材料的直接结合程度。

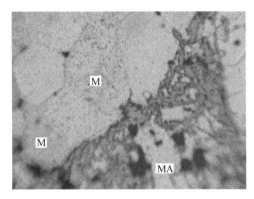
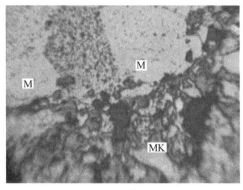

图 5-65　1-3 试样原砖层显微结构（100×）　　图 5-66　2-3 试样原砖层显微结构（100×）

如图 5-67 和图 5-68 所示，从添加 Al_2O_3 的 1-3 试样过渡层显微结构可以看出：材料由于长时间在高温下使用，基质中的尖晶石开始不同程度地长大，同时方镁石骨料颗粒有部分碎裂现象，颗粒表面的结构剥落产物逐渐进入基质中，形成新的方镁石小颗粒，基质中形成方镁石颗粒、尖晶石颗粒及玻璃相共存状态，随着过渡层向反应层延伸，这种现象更为明显。从添加 Cr_2O_3 的 2-3 试样过渡层显微结构同样可以看出，材料的骨料颗粒存在碎裂现象，并且基质中存在方镁石、镁铬尖晶石颗粒与玻璃相共存现象，但与前者相比，材料中镁铬尖晶石数量较少，而方镁石颗粒较多。

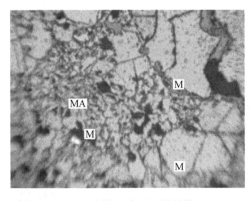
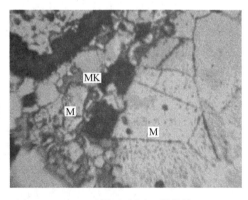

图 5-67　1-3 试样过渡层显微结构（100×）　　图 5-68　2-3 试样过渡层显微结构（100×）

侵蚀层是实验过程中钢水与材料接触和反应的关键层，钢水侵蚀主要包括两部分原因，首先是钢水通过耐火材料的基质对材料进行渗透，通过钢中［Si］、［Mn］、［Ca］等杂质对耐火材料的基质进行化学侵蚀，使耐火骨料裸露在钢水中，并且随着电磁的搅拌作用，碎裂的产物进入钢水中形成杂质；另外的作用方式为耐火材料向钢水中的溶解，大部分氧化物耐火材料主要通过氧化物高温分解，溶解到钢水中形成夹杂。一般不同氧化物在钢水中的溶解能力不同。图5-69为添加氧化铝的1-3试样侵蚀层显微照片，侵蚀层中骨料颗粒结构已经松散，几乎不存在基质，只有碎裂方镁石颗粒存在。图5-70为添加氧化铬的2-3试样侵蚀层显微照片，氧化镁颗粒骨料暴露在钢水中，材料中存在大量钢水冲刷后留下的空隙。虽然 Cr_2O_3 具有良好的抗渣侵蚀性，并且有利于材料中镁铬尖晶石的形成，促进材料的直接结合程度。但对方镁石尖晶石材料来讲，Cr_2O_3 的加入却不利于材料抗钢水侵蚀性的增强。

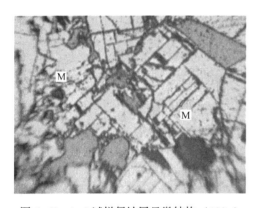

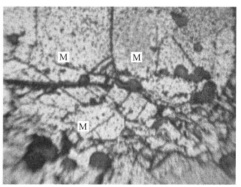

图5-69 1-3试样侵蚀层显微结构（100×）　　图5-70 2-3试样侵蚀层显微结构（100×）

5.1.10.2 氧化铝、氧化铬对镁质复相烧成滑板热力学性能的影响

通过对材料侵蚀情况的分析发现，随着 Al_2O_3、Cr_2O_3 加入量增加，材料的侵蚀程度在逐渐增加，并且 Cr_2O_3 加入对方镁石—尖晶石材料的抗钢水侵蚀性影响更大。主要原因是在一定条件下，氧化物耐火材料会溶入钢水中，增加钢水中的氧含量。本实验涉及的氧化物 MgO、Al_2O_3 和 Cr_2O_3，其反应式及热力学公式如式（5-8）~式（5-12）所示。

$$Mg(s) =\!=\!= [Mg] + [O] \tag{5-8}$$

$$\Delta G^{\ominus} = -RT\ln K^{\ominus} = -RT\ln a_{[Mg]}^2 \cdot a_{[O]}^3 \tag{5-9}$$

$$M_2O_3(s) =\!=\!= 2[M] + 3[O] \tag{5-10}$$

$$\Delta G^{\ominus} = -RT\ln K^{\ominus} = -RT\ln a_{[M]}^2 \cdot a_{[O]}^3 \tag{5-11}$$

$$2Al(l) + 3[O] =\!=\!= Al_2O_3(s) \tag{5-12}$$

根据反应式（5-10）和热力学公式（5-11）计算在熔钢温度下，钢水中

MgO、Al_2O_3、Cr_2O_3 相应的平衡氧含量及相应的金属含量，发现 Cr_2O_3 和 Al_2O_3 在钢水中平衡氧含量高，在钢水中的溶解度较大。根据反应式（5-8）和热力学公式（5-9）计算，MgO 在钢水中的平衡氧含量小，在钢水中的溶解度较小。在相同状态下，MgO 在钢水中的平衡氧含量约为 Al_2O_3 在钢水中平衡氧含量的百分之一，试验认为不受影响。而 Cr_2O_3 较 Al_2O_3 在钢水中的平衡氧含量大，更容易在钢水中分解。在试验过程中，由于向感应炉中多次加入一定量铝条，改变钢中 [O] 含量，由反应式（5-12）可知，Al 容易与钢中的 [O] 反应生成 Al_2O_3 进入到熔渣中，降低钢中 [O] 含量，促进了 Cr_2O_3 在钢水中的溶解。以此分析，游离 Cr_2O_3 的加入不利于提高材料抗钢水侵蚀性。

通过图 5-65~图 5-68 材料原砖层及过渡层的显微观察，材料基质中存在均匀分布的镁铝尖晶石和镁铬尖晶石。同样通过热力学公式计算发现，镁铬尖晶石、镁铝尖晶石在钢水中平衡氧含量较方镁石在钢水中平衡氧含量高，而镁铬尖晶石在钢水中的溶解度更大。试验证明，不稳定的氧化物容易使钢中增氧，而稳定性好的氧化物对钢水的增氧能力较差，抗钢水侵蚀性较好。考虑钢中的 [Mn] 质量分数在 1.02%~1.16% 之间，含量较高，对 Cr_2O_3 影响较大，而钢水中 [Mn] 对 MgO、Al_2O_3 影响较小，这也是 Cr_2O_3 加入对方镁石—尖晶石材料的抗钢水侵蚀性差的另一个原因。

研究发现，Al_2O_3 与 Cr_2O_3 的加入有利于方镁石—尖晶石材料基质中镁铝尖晶石和镁铬尖晶石的合成，分布均匀。通过热力学分析，Al_2O_3 和 Cr_2O_3 在钢水中平衡氧含量高，在钢水中的溶解度较大，不利于提高方镁石—尖晶石材料钢水的抗侵蚀性。Cr_2O_3 和镁铬尖晶石比 Al_2O_3 和镁铝尖晶石在钢水中的平衡氧含量大，更容易在钢水中分解。

5.2　镁质复相耐火材料制备及添加剂对镁质复相耐火材料性能的影响

为适应高温工业的发展，耐火材料在产品种类、质量和功能等方面面临着巨大的挑战。镁质复合材料的品种和技术水平有待提高，研究开发出优质高效的镁质复合材料迫在眉睫。就研究耐火材料方面而言，添加剂对镁质复合材料的高温性能十分重要。本节就几种不同的添加剂对镁质复合材料性能的影响来作为试验的研究内容。

5.2.1　镁质复相耐火材料设计与制备

本节试验所选用的原料同 5.1 节所选原料，试样的制备及检测方法工艺同 5.1 节所示方法。试验配方设计上，分别选用 5 种添加剂 $\alpha - Al_2O_3$、Cr_2O_3、

TiO$_2$、ZrO$_2$、Fe$_2$O$_3$。首先，添加剂与镁砂细粉及结合剂按一定比例混炼、成型、干燥、烧成，并同时制备不加添加剂的试样。研究过程中主要测定了烧成试样的线变化率、显气孔率、体积密度、常温耐压强度、常温抗折强度、热震稳定性和蠕变，并借助于偏光显微镜对所制备材料的显微结构、物相组成进行观察和分析。试验配比见表 5-4。

表 5-4 镁质耐火材料试验配比 （质量分数） （%）

编号	电熔镁砂		电熔镁砂细粉	α-Al$_2$O$_3$细粉	Cr$_2$O$_3$细粉	TiO$_2$细粉	脱硅锆细粉	铁磷细粉
	3~1mm	1~0mm						
1M	37.5	30	32.5	—	—	—	—	—
2A	37.5	30	29.5	3	—	—	—	—
3K	37.5	30	29.5	—	3	—	—	—
4T	37.5	30	29.5	—	—	3	—	—
5Z	37.5	30	29.5	—	—	—	3	—
6F	37.5	30	29.5	—	—	—	—	3

5.2.2 添加剂对镁质复相耐火材料性能的影响

5.2.2.1 添加剂对镁质复相耐火材料常温抗折和常温耐压性能的影响

图 5-71 是不同添加剂对常温抗折及耐压性能的影响。可以看出，以纯镁砖为对比标准，添加 α-Al$_2$O$_3$、Cr$_2$O$_3$ 和 ZrO$_2$ 细粉对试样的常温抗折强度影响较大，添加 TiO$_2$ 和 Fe$_2$O$_3$ 细粉对试样的影响较小。在添加 TiO$_2$ 试样中，形成 2MgO·TiO$_2$ 在高温下可以与 MgO 互熔，但温度降低，溶解度降低可以在晶间析出二次尖晶石使材料在烧成之后冷却时产生的应力得到松弛，提高了强度；添加

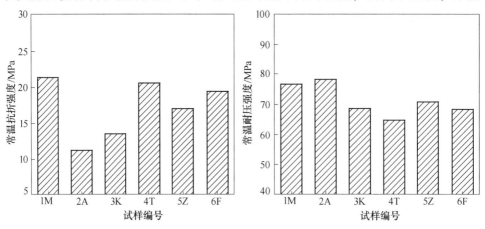

图 5-71 各种添加剂对试样常温抗折强度和常温耐压强度的影响

Fe_2O_3 对试样的常温抗折和常温耐压影响不大，因为氧化铁中低价态 FeO 溶解在方镁石中以（Mg·Fe）O 形式存在，高价态 Fe_2O_3 则形成镁铁尖晶石 $MgO·Fe_2O_3$。$MgO·Fe_2O_3$ 也能部分地溶解在方镁石中形成有限固溶体。$MgO·Fe_2O_3$ 在方镁石中的溶解度随温度变化而变化，温度升高溶解度增大，当温度降低时则以具有较弱的各向异性的枝状晶体和颗粒状包裹体沉析在方镁石晶粒表面和解理裂纹中，$MgO·Fe_2O_3$ 在方镁石中溶解度随温度波动的变化，有助于方镁石晶格的活化，因而有利于促进方镁石晶体的生长和制品的烧结。

5.2.2.2 添加剂对镁质复相耐火材料体积密度和显气孔率的影响

制品的体积密度指标是制品中气孔体积量和矿物组成的综合反应，由于比较容易测定，在生产中通常作为判断制品烧结程度的手段，也可在筑炉时作为计算砌体荷重的重要数据。显气孔率一般用于研究制品在使用过程中被外界介质（如液体、熔渣、气体等物质）侵入而带来的损坏。图 5-72 是不同添加剂对体积密度和显气孔率的影响。

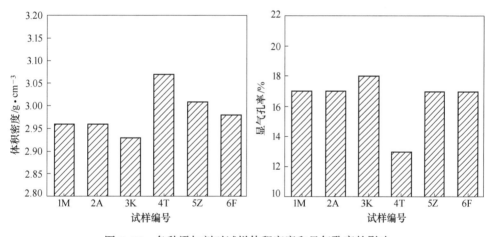

图 5-72　各种添加剂对试样体积密度和显气孔率的影响

由图 5-72 可看出不同添加剂在含量相同的情况下，添加 TiO_2、ZrO_2 细粉促进了试样的烧结，使其体积密度明显高于添加其他物质的试样，且气孔率较低。添加 Cr_2O_3 的试样因其加入，在材料中生成 MK 尖晶石，产生体积膨胀。而其余各类添加剂对体积密度和气孔率影响均不大。

5.2.2.3 添加剂对镁质复相耐火材料热震稳定性能的影响

耐火材料在使用过程中，经常会受到环境温度的急剧变化作用。例如，转钢用盛钢桶衬砖在浇铸过程中，热风炉蓄热室格子砖等，导致制品产生裂纹，剥落甚至崩溃。此种破坏作用不仅限制了制品和窑炉的加热和冷却速度，限制了窑炉操作的强化，而且是制品、窑炉损坏较快的主要原因之一。众所周知，镁砖易于剥落，通常被称为热震稳定性低的材料或抗热震性小的材料。图 5-73 是各种添加剂对镁质耐火材料热震稳定性的影响。

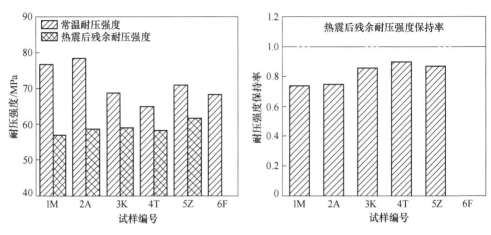

图 5-73 各种添加剂对试样热震稳定性的影响

由图 5-73 可以看出添加 Cr_2O_3、TiO_2 和 ZrO_2 细粉试样的热震残余耐压强度保持率很高，热震稳定性很好，添加 α-Al_2O_3 细粉试样的残余保留率与纯氧化镁试样相近，而添加 Fe_2O_3 细粉的试样最差，风冷后 4 次就碎裂了，这是因为 MF 在方镁石中的溶解度随温度波动的剧烈变化，降低了镁质制品的热震稳定性。此外，因温度波动引起 MF 在制品中的不均匀分布以及由 MF 在方镁石的溶解而引起方镁石塑性的降低都是降低制品热震稳定性的因素。在添加 ZrO_2 细粉试样中，MgO 共熔于 ZrO_2 中，形成稳定的立方形共熔体，但因此导致导热性能变差，所以其热震稳定性并未得到大的改善。

5.2.2.4 添加剂对镁质复相耐火材料线变化率的影响

从图 5-74 可以看出在相同加入量的条件下：TiO_2 和 ZrO_2 对镁质材料的烧后收缩最大，而 Cr_2O_3 和 α-Al_2O_3 对镁质材料的烧后收缩最小，这与 TiO_2 和材料中的杂质反应以及 ZrO_2 中较多的 SiO_2 有关，主要是生成了低熔物，而 Cr_2O_3 和 Al_2O_3 收缩小的主要原因是它们与材料中的方镁石反应生成了尖晶石产生了一定的体积膨胀，抵消了部分烧成的收缩，后面的岩相分析可以说明这一点。

5.2.2.5 添加剂对镁质复相耐火材料压蠕变性能的影响

本节重点研究热风炉用镁质格子砖的蠕变性。长时间在高温下工作的热风炉格子砖的损坏，是由于砖体逐渐软化产生可塑变形，强度显著下降甚至破坏，格子砖的这种蠕变现象成为炉子损坏的主要原因。因此，检验其高温蠕变性，了解其在高温长时间负荷下的变形特性是十分必要的。众所周知，镁质耐火材料的蠕变性很差，以下将根据各种添加剂对热风炉用镁质格子砖蠕变率的影响进行分析。

由图 5-75 看出添加 α-Al_2O_3、Cr_2O_3 和 Fe_2O_3 的蠕变率较低，且比较接近现

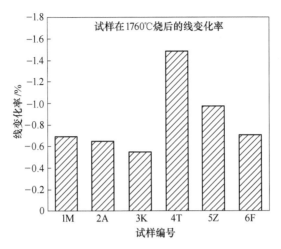

图 5-74　各种添加剂对试样线变化率的影响（1760℃）

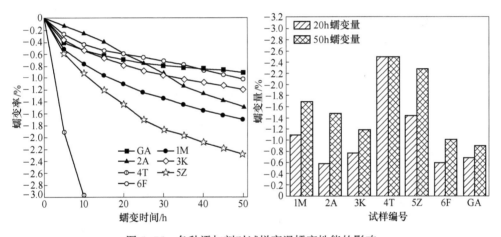

图 5-75　各种添加剂对试样高温蠕变性能的影响

热风炉中常用的低蠕变高铝砖。纯镁质试样和添加 ZrO_2、TiO_2 的蠕变性较差，尤其是添加 TiO_2 的试样最差，在 10h 内就碎裂了。这是由于主体原料是 $CaO/SiO_2 > 2$ 的高钙镁砂，在 CaO-MgO-TiO_2 三元系统相图中，会形成低共熔物，其最低共熔温度仅为 1350℃，而在 1450℃蠕变测试温度下，该试样内部将会共熔形成液相，同时给试样 0.2MPa 加荷，致使试样碎裂。还可以得知添加 α-Al_2O_3、Cr_2O_3 和 Fe_2O_3 在 20h 前的蠕变率比对比试样的还要低。添加 α-Al_2O_3 的前 20h 的蠕变量仅为 -0.584，蠕变速率为 0.029%/h，而作为对比试样的 GA 前 20h 的蠕变量为 -0.690，蠕变速率为 0.035%/h。由此可明显看出添加 α-Al_2O_3 的试样前 20h 的抗蠕变效果尤为突出。50h 的蠕变量与 GA 最接近的是添加 Fe_2O_3、Cr_2O_3 的试样，蠕变量分别为 -1.024、-1.191。根据以上实验结果分析，MgO-

Al_2O_3-Cr_2O_3 复合耐火制品的抗蠕变性可能会更好。

5.2.2.6 添加剂对镁质复相耐火材料显微结构的影响

从图 5-76、图 5-77 中可以看出：纯镁质材料的结合为胶结结合，并没在基质中形成方镁石与方镁石的直接结合，因此材料在烧后将产生较大的体积收缩、线变化和蠕变量。

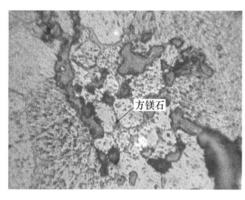 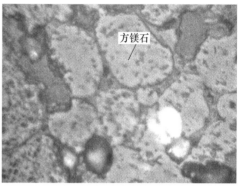

图 5-76 1M 蠕变后的显微结构（200×）　　图 5-77 1M 蠕变后的显微结构（500×）

从图 5-78、图 5-79 中可以看出：在镁质材料添加 w（Al_2O_3）为 3%，基质中生成了少量的 MA 尖晶石，但是在基质中并没有形成方镁石与 MA 的直接结合，但是少量的 MA 也有利于减小材料的体积收缩、线变化和蠕变量。

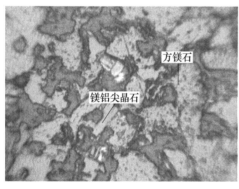 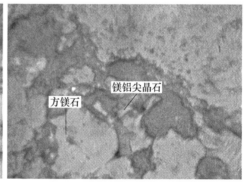

图 5-78 2A 蠕变后的显微结构（200×）　　图 5-79 2A 蠕变后的显微结构（500×）

从图 5-80、图 5-81 中可以看出：在镁质材料添加 w（Cr_2O_3）为 3%，基质中生成了少量的镁铬尖晶石，产生了一定的体积膨胀，但是在基质中也没有形成方镁石与镁铬尖晶石的直接结合，少量的镁铬尖晶石也有利于减小材料的体积收缩、线变化和蠕变量。

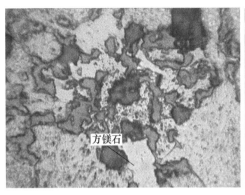
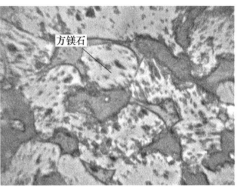

图 5-80 3K 蠕变后的显微结构（200×）   图 5-81 3K 蠕变后的显微结构（500×）

从图 5-82、图 5-83 中可以看出：在镁质材料添加 w（TiO_2）为 3%，材料的气孔减少，基质中生成了大量的白色的 $CaTiO_3$ 的低熔物，将方镁石与方镁石胶结在一起，因此使得材料的常温强度增大，体积收缩，线变化和蠕变量增大，所以镁质材料中不宜加入 TiO_2。

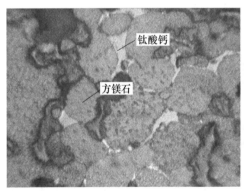
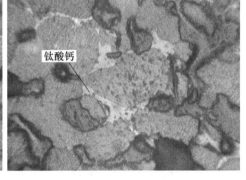

图 5-82 4T 蠕变后的显微结构（200×）   图 5-83 4T 蠕变后的显微结构（500×）

从图 5-84、图 5-85 中可以看出：在镁质材料添加 w（ZrO_2）= 3%，材料的气孔减少，液相量增加，促进了材料的烧结；同时基质中生成了少量的白色的 $CaO \cdot ZrO_2$，将方镁石与方镁石连接在一起，因此使得材料的常温强度增大，体积收缩，线变化和蠕变量增大，所以镁质材料中不宜加入脱硅锆。

从图 5-86、图 5-87 中可以看出：在镁质材料添加 3% 的铁磷（质量分数），方镁石晶体菱角消失，晶体变圆滑，材料的气孔减少，玻璃相胶结结合方镁石，基质中没有发现镁铁尖晶石，说明镁铁尖晶石固溶到了方镁石中，促进了方镁石晶格的活化和材料的烧结。

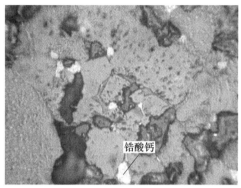

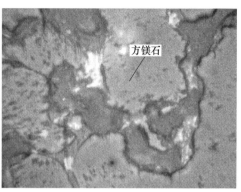

图 5-84 5Z 蠕变后的显微结构（200×）　　　图 5-85 5Z 蠕变后的显微结构（500×）

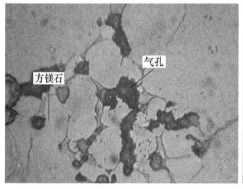

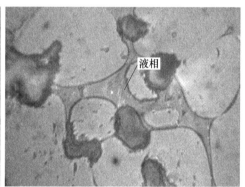

图 5-86 6F 蠕变后的显微结构（200×）　　　图 5-87 6F 蠕变后的显微结构（500×）

从图 5-88、图 5-89 中可以看出：现场使用的低蠕变高铝砖基质中有大量的针状莫来石和没有反应完全残留的刚玉，同时存在少量的玻璃相，材料的骨料为矾土。由于材料基质中生成的莫来石呈网状分布，而且液相为高硅的玻璃相，黏

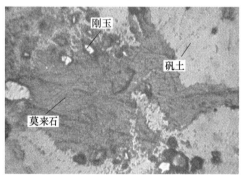

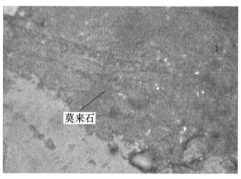

图 5-88 6F 蠕变后的显微结构（200×）　　　图 5-89 6F 蠕变后的显微结构（500×）

度大，使材料的蠕变很小。研究发现：添加3%的α-Al$_2$O$_3$（质量分数）细粉和添加3%Cr$_2$O$_3$（质量分数）细粉的各项性能综合来说要比添加其他物质的试样好，特别是蠕变和热震稳定性。但是，其常温指标均有所下降，所以可以说，只是单纯地添加某一种添加剂，是达不到改善镁质耐火材料性能的要求的。

5.3 尖晶石的引入形式和数量对镁质复相烧成类耐火材料性能的影响

5.3.1 预合成尖晶石对镁质复相耐火材料性能的影响

5.3.1.1 实验配方设计、制备与检测

在电熔镁砂细粉和α-氧化铝微粉配比一定时，改变MA的加入量，实验配方见表5-5。实验经原料、称量、混炼、成型、干燥、烧成等工艺制备检测试样。检测项目包括体积密度、显气孔率、常温抗折强度、常温耐压强度、热震稳定性和烧后线变化率。原料、制备、检测及实验方法同5.1节所述。

表5-5 实验配方

编号	烧结镁砂 （3~1mm）	镁铝尖晶石 （3~1mm）	烧结镁砂 （1~0mm）	电熔镁 砂细粉	镁铝尖晶 石细粉	α-氧化 铝微粉
MA0	28	9.5	30	7	5	20.5
MA1	28	9.5	30	5.5	10	17
MA2	28	9.5	30	4	15	13.5
MA3	28	9.5	30	3	20	9.5
MA4	28	9.5	30	2	25	5.5
MA5	28	9.5	30	0.5	30	2

5.3.1.2 预合成尖晶石对镁质复相耐火材料体积密度和显气孔率的影响

由图5-90可以看出随着预合成MA加入量的增加体积密度整体呈上升趋势，显气孔率则呈下降趋势。原因是电熔镁砂细粉和α-氧化铝微粉生成的原位尖晶石和方镁石都发生体积膨胀，预合成MA的加入使试样在烧成时体积变化最小，所以预合成尖晶石的加入可以获得较大的体积密度和较小的显气孔率。

5.3.1.3 预合成尖晶石对镁质复相耐火材料常温耐压强度和常温抗折强度的影响

由图5-91可知当预合成尖晶石加入量大时试样的常温耐压强度比较大，在MA加入量为20%时最大，可见其烧结情况比较好，在15%时最小，而常温抗折强度则呈下降趋势，在MA加入量为10%时最大，在25%时最小，可见加入预合

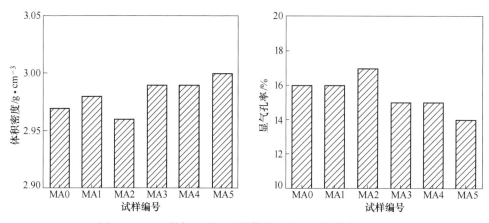

图 5-90 MA 的加入量对试样体积密度和显气孔率的影响

成尖晶石和生成原位尖晶石为一定比例时对材料的性质最好。从中可以看出预合成尖晶石的加入有利于烧结,制品比较致密。

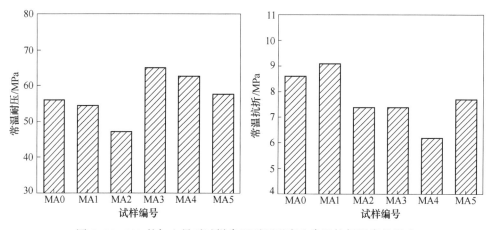

图 5-91 MA 的加入量对试样常温耐压强度和常温抗折强度的影响

5.3.1.4 预合成尖晶石对镁质复相耐火材料热震稳定性的影响

由图 5-92 可以看出,在预合成尖晶石比较多的试样中,热震后残余耐压强度稍大,热震后残余耐压强度保持率变化不是很大,在预合成尖晶石的加入量为 20%~30%,热震后残余耐压强度和残余耐压强度保持率都比较高,原因是预合成尖晶石的加入有利于烧结,产品颗粒均匀,生成微裂纹,有利于抗热震性。

5.3.1.5 预合成尖晶石对镁质复相耐火材料线变化率的影响

由图 5-93 可以看出预合成 MA 加入量为 20% 时线变化率最小,而线变化率在 30% 时最大,原因是电熔镁砂细粉和 α-氧化铝微粉发生原位反应,部分抵消烧结时的体积收缩。可见加入的预合成尖晶石和利用反应生成原位尖晶石一定量

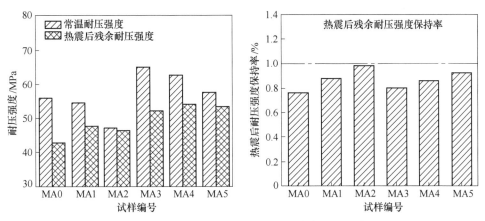

图 5-92 MA 的加入量对试样热震稳定性的影响

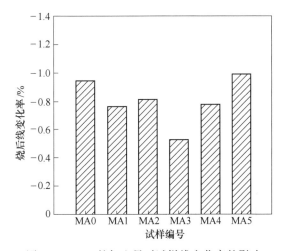

图 5-93 MA 的加入量对试样线变化率的影响

时才有利于材料的线变化率。

5.3.2 α-Al₂O₃ 和 Cr₂O₃ 对镁质复相耐火材料性能的影响

5.3.2.1 实验配方设计、制备与检测

本节主要研究 α-Al₂O₃ 和 Cr₂O₃ 的加入量对镁质复合材料性能影响，分别在 α-Al₂O₃ 质量分数为 7.5%、10% 和 12.5% 的情况下加入 Cr₂O₃，相应减少电熔镁砂细粉加入量。实验配方见表 5-6。实验经原料、称量、混炼、成型、干燥、烧成等工艺制备检测试样。检测项目包括体积密度、显气孔率，常温耐压和常温抗折、热震稳定性、线变化率、高温抗折强度以及高温蠕变。原料、制备、检测及实验方法同 5.1 节所述，并借助于扫描电镜对所制备材料的显微结构、物相组成

进行观察和分析。

表 5-6 实验方案（质量分数） （%）

编号	烧结镁砂 (3-1)	镁铝尖晶石 (3-1)	烧结镁砂 (1-0)	电熔镁砂细粉	$\alpha\text{-}Al_2O_3$ 细粉	Cr_2O_3 细粉
B0	28	9.5	30	25	7.5	—
B1	28	9.5	30	24	7.5	1
B2	28	9.5	30	23	7.5	2
B3	28	9.5	30	22	7.5	3
B4	28	9.5	30	21.5	10	1
B5	28	9.5	30	20.5	10	2
B6	28	9.5	30	19.5	10	3
B7	28	9.5	30	19	12.5	1
B8	28	9.5	30	18	12.5	2
B9	28	9.5	30	17	12.5	3

5.3.2.2 $\alpha\text{-}Al_2O_3$ 和 Cr_2O_3 对镁质复相耐火材料显气孔率和体积密度的影响

从图 5-94 中可以看出，当 $\alpha\text{-}Al_2O_3$ 质量分数分别为 7.5%、10%、12.5% 时，则 Cr_2O_3 质量分数均在 3% 时显气孔率最大，Cr_2O_3 的质量分数均在 2% 时显气孔率最小；当 Cr_2O_3 质量分数分别在 1%、2%、3% 时，$\alpha\text{-}Al_2O_3$ 的加入量均呈现先增大后见减小的趋势，当 $\alpha\text{-}Al_2O_3$ 含量在 10% 时显气孔率最大。可见，适量 Cr_2O_3 的加入可以减少颗粒间的气孔，但是过多的加入量反而增加气孔的产生；随着 $\alpha\text{-}Al_2O_3$ 含量的增加，气孔率先增加后减少。

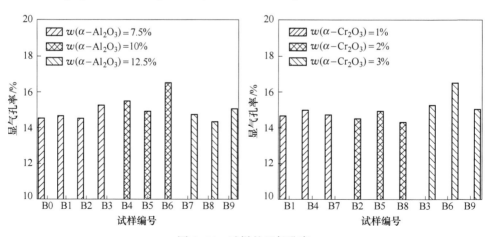

图 5-94 试样的显气孔率

从图 5-95 可以看出，当 $\alpha-Al_2O_3$ 质量分数分别为 7.5%、10%、12.5%时，则 Cr_2O_3 质量分数分别均在 2%时体积密度最大；当 Cr_2O_3 质量分数分别在 1%、2%、3%时，则 $\alpha-Al_2O_3$ 质量分数均在 10%时体积密度最小。因此，少量 Cr_2O_3 的加入可以提高镁质复合材料的体积密度，过量反而降低其体积密度；随着 $\alpha-Al_2O_3$ 含量的增加，体积密度先减少后增加。

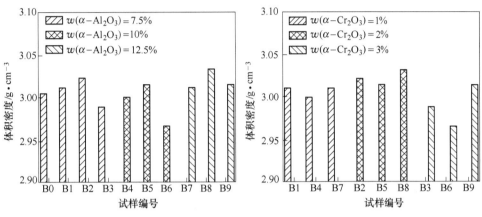

图 5-95　试样的体积密度

5.3.2.3　$\alpha-Al_2O_3$ 和 Cr_2O_3 对镁质复相耐火材料常温抗折强度和常温耐压强度的影响

从图 5-96 中可以看出，当 $\alpha-Al_2O_3$ 质量分数分别为 7.5%、10%、12.5%时，则 Cr_2O_3 质量分数均在 3%时常温抗折强度最大，Cr_2O_3 的质量分数在 1%时常温抗折强度要小；当 Cr_2O_3 质量分数一定时，则 $\alpha-Al_2O_3$ 质量分数均在 10%时常温抗折强度最大，$\alpha-Al_2O_3$ 质量分数均在 7.5%时常温抗折强度最小；不含 Cr_2O_3 的 B0 试样的常温抗折强度大于含 Cr_2O_3 的同类试样。

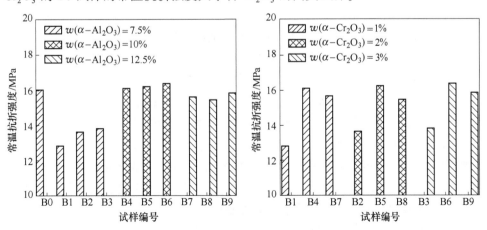

图 5-96　试样的常温抗折强度

因此，Cr_2O_3 的加入大大降低镁质复合材料的常温抗折强度，但是随着 Cr_2O_3 含量的增多，常温抗折强度又有所回升；提高 $\alpha-Al_2O_3$ 的含量可以提高常温抗折强度，但是加入一定量（10%~12.5%）后，又降低常温抗折强度。

从图 5-97 中可以看出，当 $\alpha-Al_2O_3$ 质量分数分别为 7.5%、10%、12.5% 时，则 Cr_2O_3 质量分数分别在 3%、2%、1% 时常温耐压强度最大，Cr_2O_3 的质量分数分别在 1%、3%、3% 时常温耐压强度最小；当 Cr_2O_3 质量分数分别在 1%、2%、3% 时，则 $\alpha-Al_2O_3$ 质量分数分别在 12.5%、10%、7.5% 时常温抗折耐压最大，$\alpha-Al_2O_3$ 质量分数分别在 7.5%、12.5%、12.5% 时常温耐压强度最小；不含 Cr_2O_3 的 B0 试样的常温耐压强度大于含 1%Cr_2O_3 的 B1 试样。

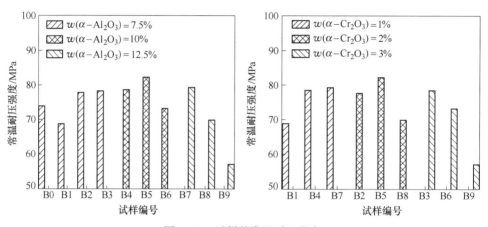

图 5-97 试样的常温耐压强度

因此，Cr_2O_3 的加入大大降低镁质复合材料的常温耐压强度，但是随着 Cr_2O_3 含量的增多，常温耐压强度又有所回升；$\alpha-Al_2O_3$ 对常温耐压强度的影响随 Cr_2O_3 含量的变化而变化。

5.3.2.4 $\alpha-Al_2O_3$ 和 Cr_2O_3 对镁质复相耐火材料热震稳定性的影响

将试样经 1100℃ 水急冷法热震 3 次后的试样，测得的残余耐压强度与常温耐压强度的比值，得出残余强度保留率制成图。

从图 5-98 可以看出，当 $\alpha-Al_2O_3$ 质量分数分别为 7.5%、10%、12.5% 时，则 Cr_2O_3 质量分数分别在 2%、1%、1% 时残余耐压强度最大，Cr_2O_3 的质量分数均在 3% 时残余耐压强度最小；当 Cr_2O_3 质量分数分别在 1%、2%、3% 时，则 $\alpha-Al_2O_3$ 质量分数分别在 10%、7.5%、7.5% 时残余耐压强度最大，$\alpha-Al_2O_3$ 质量分数均在 12.5% 时残余耐压强度最小；不含 Cr_2O_3 的 B0 试样的残余耐压强度大于含 Cr_2O_3 的同类试样。因此，Cr_2O_3 的加入大大降低镁质复合材料的残余耐压强度；随着 $\alpha-Al_2O_3$ 含量的增多，残余耐压强度减小。

从图 5-99 可以看出，当 $\alpha-Al_2O_3$ 质量分数分别为 7.5%、10%、12.5% 时，

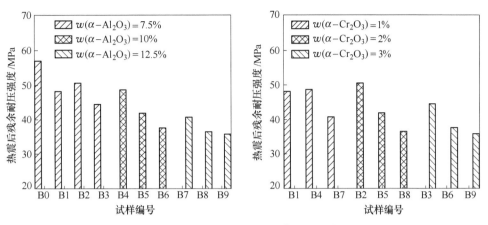

图 5-98 试样的热震后残余耐压强度

则 Cr_2O_3 质量分数分别在 1%、1%、3% 时残余强度保留率最大，Cr_2O_3 的质量分数分别在 3%、2%、1% 时残余强度保留率最小；当 Cr_2O_3 质量分数分别在 1%、2%、3% 时，则 $\alpha-Al_2O_3$ 质量分数分别在 7.5%、7.5%、12.5% 时残余强度保留率最大，$\alpha-Al_2O_3$ 质量分数分别在 12.5%、10%、10% 时残余强度保留率最小；不含 Cr_2O_3 的 B0 试样的残余耐压强度大于含 Cr_2O_3 的同类试样。

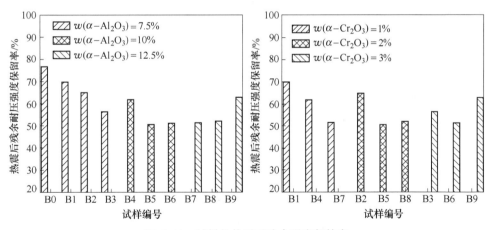

图 5-99 试样的热震后残余强度保持率

因此，Cr_2O_3 的加入降低了镁质复合材料的残余强度保留率；$\alpha-Al_2O_3$ 对残余强度保留率的影响随 Cr_2O_3 含量的变化而变化。

5.3.2.5 $\alpha-Al_2O_3$ 和 Cr_2O_3 对镁质复相耐火材料烧后线变化率的影响

将各试样的烧后线变化率绘成如图 5-100 所示。

从图 5-100 可以看出，在相同 $\alpha-Al_2O_3$ 加入量的条件下，随着 Cr_2O_3 加入量的增加，材料的线变化率减小；同样，$\alpha-Al_2O_3$ 在相同 Cr_2O_3 加入量的条件下，

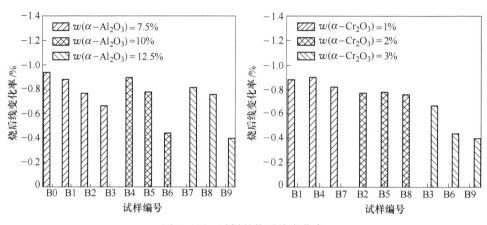

图 5-100　试样的烧后线变化率

随着 $\alpha\text{-}Al_2O_3$ 加入量的增加，线变化率也在减小，但是 Cr_2O_3 减小的作用明显强于 Al_2O_3。

5.3.2.6　$\alpha\text{-}Al_2O_3$ 和 Cr_2O_3 对镁质复相耐火材料高温抗折强度的影响

由图 5-101 可以看出，当 $\alpha\text{-}Al_2O_3$ 质量分数分别为 7.5%、10%、12.5%时，随着 Cr_2O_3 含量的增加，高温抗折强度呈上升趋势；当 Cr_2O_3 质量分数分别在 1%、2%、3%时，则随着 $\alpha\text{-}Al_2O_3$ 含量的增加，高温抗折强度呈先下降后有所回升的趋势。总体上可以说，在 $\alpha\text{-}Al_2O_3$ 质量分数为 7.5%、Cr_2O_3 质量分数为 2%时高温抗折强度较好，可能是生成的 MK 较 MA 致密，所以高温抗折强度比较好。

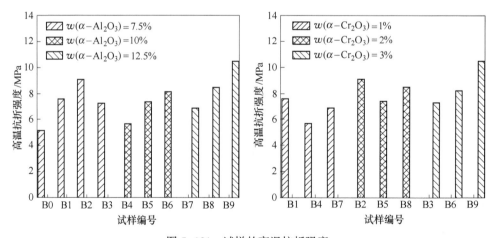

图 5-101　试样的高温抗折强度

5.3.2.7　$\alpha\text{-}Al_2O_3$ 和 Cr_2O_3 对镁质复相耐火材料高温蠕变性的影响

将各试样的高温蠕变率绘成如图 5-102 和图 5-103 所示。

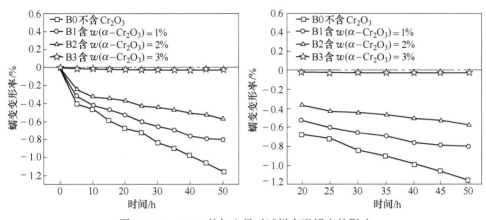

图 5-102 Cr$_2$O$_3$ 的加入量对试样高温蠕变的影响

从图 5-102 可以看出，Cr$_2$O$_3$ 的加入明显改变了镁质耐火材料的蠕变性，蠕变率大小顺序为 B0>B1>B2>B3，即随着 Cr$_2$O$_3$ 加入量的增加蠕变率降低，且其后 30h 也随着 Cr$_2$O$_3$ 加入量的增加蠕变率改变的幅度越小。说明 Cr$_2$O$_3$ 的加入量对镁质耐火材料的抗高温蠕变有很大作用。对于 B3 的蠕变数据明显偏小，可能是由于在实验过程中传感器受外界影响所致。

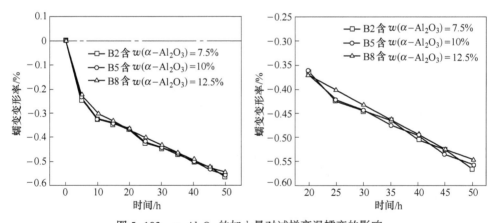

图 5-103 α-Al$_2$O$_3$ 的加入量对试样高温蠕变的影响

从图 5-103 中可以看出在 Cr$_2$O$_3$ 的加入量相同的条件下，α-Al$_2$O$_3$ 的量增加或减少对镁质耐火材料的高温抗蠕变性没有太大影响。后 30h 的蠕变量都稍微偏大，但总体来说实验结果还是比较好的，分析其原因可能是 Al$_2$O$_3$ 的加入使材料中生成少量的镁铝尖晶石，使材料的直接结合程度提高，增强了制品抗蠕变的能力。

从图 5-102 和图 5-103 可以看出，随着 α-Al$_2$O$_3$ 含量的增加，高温蠕变率在减小，但是减少量很小；随着 Cr$_2$O$_3$ 含量的增加，高温蠕变率在减小，而且减少量很大。

5.3.2.8 　α-Al$_2$O$_3$ 和 Cr$_2$O$_3$ 对镁质复相耐火材料显微结构的影响

从图 5-104 中可以看出：镁质复合材料中不添加 Cr$_2$O$_3$ 时，在方镁石周围形成镁铝尖晶石，基质中生成了一定量的镁铝尖晶石，使方镁石形成直接结合，同时方镁石的周围也有一定量液相，因此材料的高温抗蠕变性和高温抗折就稍差。

从图 5-105 中可以看出：镁质复合材料中添加 1%Cr$_2$O$_3$ 和 7.5%α-Al$_2$O$_3$（质量分数）时，有利于镁铝尖晶石的形成，基质中生成了一定量的镁铬尖晶石和镁铝尖晶石，而且尖晶石沿方镁石晶体颗粒周围生成和长大。同时材料的液相量减少，促进了材料的直接结合，有利于提高材料的高温抗蠕变和高温抗折强度。

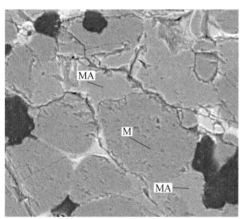

图 5-104　B0 的 SEM 照片（800×）　　　图 5-105　B1 的 SEM 照片（800×）

从图 5-106 中可以看出：镁质复合材料中添加 2%Cr$_2$O$_3$ 和 7.5%α-Al$_2$O$_3$（质量分数）时，有利于镁铝尖晶石的形成，基质中生成了一定量的复合尖晶石，而且尖晶石沿方镁石晶体颗粒周围生成和长大，促进了材料的直接结合，同时材料的液相量减少，没有出现解理，提高了材料的直接结合，有利于提高材料的高温抗蠕变性和高温抗折强度。

从图 5-107 中可以看出：在镁质复合材料添加 3%Cr$_2$O$_3$ 和 7.5%α-Al$_2$O$_3$（质量分数）时，沿方镁石颗粒周围生成了复合铝尖晶石，增加方镁石之间的直接结合，同时材料的液相量较少，但有少量解理出现。液相没有润湿方镁石颗粒，有利于提高材料的高温抗蠕变性和高温抗折强度。

从图 5-108 和图 5-109 中可以看出：镁质复合材料中添加 2%Cr$_2$O$_3$ 和 10%α-Al$_2$O$_3$ 以及添加 2%Cr$_2$O$_3$ 和 12.5%α-Al$_2$O$_3$（质量分数）时，基质中生成了一定量的复合尖晶石，而且尖晶石沿方镁石晶体颗粒周围生成和长大，促进了材料的直接结合，同时材料的液相量减少，没有出现解理，提高了材料的直接结合，有利于提高材料的高温抗蠕变性和高温抗折强度，但 α-Al$_2$O$_3$ 加入量过多不利于提高材料的热震稳定性。

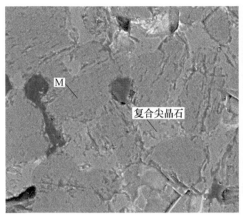

图 5-106 B2 的 SEM 照片 （800×）

图 5-107 B3 的 SEM 照片 （800×）

图 5-108 B5 的 SEM 照片 （800×）

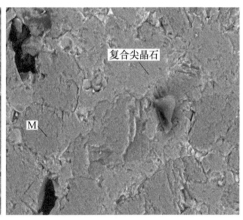

图 5-109 B8 的 SEM 照片 （800×）

5.3.3 镁砂和氧化铝类型对镁质复相耐火材料性能的影响

5.3.3.1 实验配方设计、制备与检测

本节主要研究镁砂和氧化铝类型对镁质复合材料性能的影响，分别选用电熔镁砂、高纯镁砂和中档镁砂三种镁砂细粉，同时选择 $\alpha\text{-}Al_2O_3$、酸洗亚白刚玉、低钠亚白刚玉、棕刚玉和 GA88 矾土粉。实验经原料、称量、混炼、成型、干燥、烧成等工艺制备检测试样。检测项目包括线变化率、显气孔率、体积密度、常温耐压强度、常温抗折强度、热震稳定性、高温抗折和高温蠕变性。原料、制备、检测及实验方法同 5.1 节所述。并借助于扫描电镜对所制备材料的显微结构、物相组成进行观察和分析。实验方案见表 5-7。

表 5-7 实验配方

编号	烧结镁砂 (3-1)	镁铝尖晶石 (3-1)	烧结镁砂 (1-0)	电熔镁砂细粉	高纯镁砂细粉	中档镁砂细粉	α-Al$_2$O$_3$	酸洗亚白刚玉	低钠亚白刚玉	棕刚玉	GA88矾土粉	Cr$_2$O$_3$ 粉
P1	28	9.5	30	23	—	—	7.5	—	—	—	—	2
P2	28	9.5	30	23	—	—	—	7.5	—	—	—	2
P3	28	9.5	30	23	—	—	—	—	7.5	—	—	2
P4	28	9.5	30	23	—	—	—	—	—	7.5	—	2
P5	28	9.5	30	23	—	—	—	—	—	—	7.5	2
P6	28	9.5	30	—	23	—	7.5	—	—	—	—	2
P7	28	9.5	30	—	23	—	—	7.5	—	—	—	2
P8	28	9.5	30	—	23	—	—	—	7.5	—	—	2
P9	28	9.5	30	—	23	—	—	—	—	7.5	—	2
P10	28	9.5	30	—	23	—	—	—	—	—	7.5	2
P11	28	9.5	30	—	—	23	7.5	—	—	—	—	2

5.3.3.2 镁砂和氧化铝类型对镁质复相耐火材料常温抗折强度和常温耐压强度的影响

由图 5-110 可以看出，在添加电熔镁砂细粉试样中，添加酸洗亚白刚玉或低钠亚白刚玉细粉，则试样的常温抗折强度较大，而添加棕刚玉粉，则试样的常温抗折强度较小；在添加高纯镁砂细粉试样中，添加 GA88 矾土粉，则试样的常温抗折强度较大；在添加 α-Al$_2$O$_3$ 试样中，添加电熔镁砂细粉，则试样的常温抗折强度较大，中档镁砂较小。

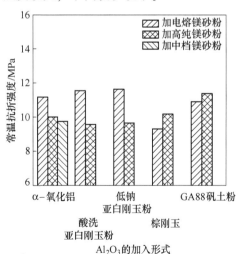
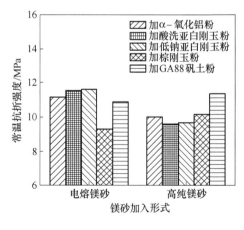

图 5-110 试样的常温抗折强度

由图 5-111 可以看出，在添加电熔镁砂细粉试样中，添加 α-Al_2O_3、低钠亚白刚玉细粉，则试样的常温耐压强度较大，而添加酸洗亚白刚玉和棕刚玉，则试样的常温耐压强度较小；在添加高纯镁砂细粉试样中，添加 α-Al_2O_3、酸洗亚白刚玉，则试样的常温耐压强度较大；在添加 α-Al_2O_3 试样中，添加中档镁砂细粉的试样的常温耐压强度较大，电熔镁砂次之，高纯镁砂最小。

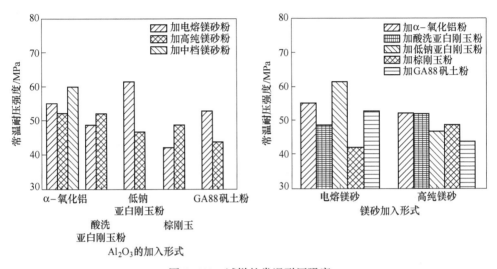

图 5-111　试样的常温耐压强度

5.3.3.3　镁砂和氧化铝类型对镁质复相耐火材料体积密度和显气孔率的影响

由图 5-112 可以看出，在添加电熔镁砂细粉试样中，添加 α-Al_2O_3、棕刚玉

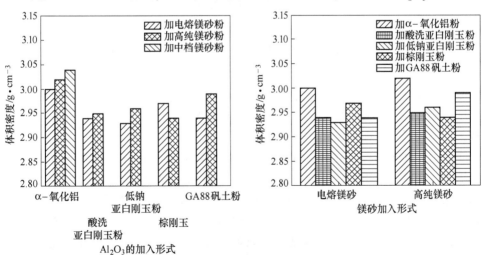

图 5-112　试样的体积密度

细粉，则试样的体积密度较大，而添加酸洗亚白刚玉，则试样的体积密度度较小；在添加高纯镁砂细粉试样中，添加 $\alpha-Al_2O_3$，则试样的体积密度较大；在添加 $\alpha-Al_2O_3$ 试样中，添加中档镁砂细粉，则试样的体积密度较大，高纯镁砂次之，电熔镁砂最小。

由图 5-113 可以看出，在添加电熔镁砂细粉试样中，添加低钠亚白刚玉粉、GA88 矾土粉，则试样的显气孔率较大，而添加 $\alpha-Al_2O_3$，则试样的显气孔率较小；在添加高纯镁砂细粉试样中，添加 $\alpha-Al_2O_3$、GA88 矾土粉，则试样的显气孔率较小；在添加 $\alpha-Al_2O_3$ 试样中，添加电熔镁砂细粉，则试样的显气孔率较大，高纯镁砂、电熔镁砂均较小。

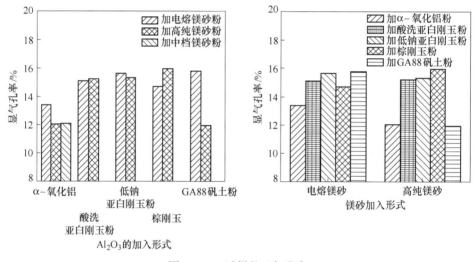

图 5-113 试样的显气孔率

5.3.3.4 镁砂和氧化铝类型对镁质复相耐火材料热震稳定性的影响

由图 5-114 可以看出，在添加电熔镁砂细粉试样中，添加 $\alpha-Al_2O_3$、低钠亚白刚玉粉，则试样的残余耐压强度较大，而添加棕刚玉，则试样的残余耐压强度较小；在添加高纯镁砂细粉试样中，添加 $\alpha-Al_2O_3$、棕刚玉，则试样的残余耐压强度较大；在添加 $\alpha-Al_2O_3$ 试样中，添加中档镁砂细粉，则试样的残余耐压强度较大，高纯镁砂、电熔镁砂均较小。

由图 5-115 可知，在相同 Al_2O_3 加入形式条件下，材料热震后耐压强度保留率均为高纯镁砂大于电熔镁砂，在同为 $\alpha-Al_2O_3$ 的加入条件下，材料热震后耐压强度保留率表现为：中档镁砂>高纯镁砂>电熔镁砂，原因是材料的热震不仅与材料本身的性质有关，还与材料中的气孔分布、大小等有关。在相同镁砂粉加入的条件下，材料热震后耐压强度的保留率表现为：$\alpha-Al_2O_3$ 要强于其他形式的 Al_2O_3。总体来看，$\alpha-Al_2O_3$ 和高纯镁砂配合使用可以获得较高的热震稳定性。

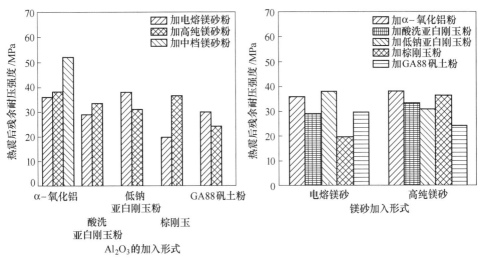

图 5-114 试样热震后的残余耐压强度

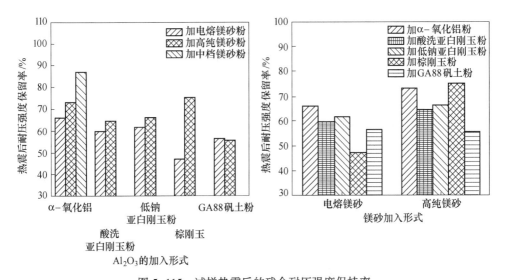

图 5-115 试样热震后的残余耐压强度保持率

5.3.3.5 镁砂和氧化铝类型对镁质复相耐火材料烧后线变化率的影响

从图 5-116 中可以看出,在相同的电熔镁砂细粉的情况下随着 Al_2O_3 加入形式 α-Al_2O_3、酸洗亚白刚玉、低钠亚白刚玉、棕刚玉和 GA88 矾土粉,线变化逐渐变小,但 GA88 矾土粉的烧后线变化率最大。在相同的高纯镁砂细粉的情况下,加入酸洗亚白刚玉和 GA88 矾土粉的试样的烧后线变化率较大,加入 α-Al_2O_3 的试样烧后线变化率稍小,而加入低钠亚白刚玉和棕刚玉的试样烧后线变化率最小。加入 α-Al_2O_3、中档镁砂细粉的试样线变化率较大。因此,在 Al_2O_3

的加入形式中，GA88 矾土粉对镁质复合材料的线变化率影响最大。

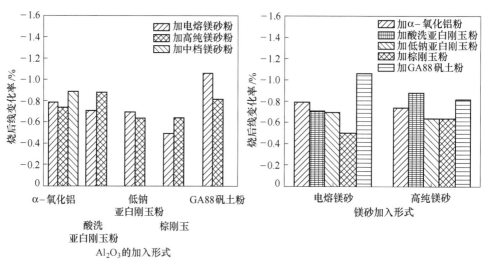

图 5-116　试样烧后线变化率

5.3.3.6　镁砂和氧化铝类型对镁质复相耐火材料高温抗折强度的影响

由图 5-117 可以看出，在添加电熔镁砂细粉试样中，添加 α-Al_2O_3、棕刚玉，则试样的高温抗折强度较大，而添加酸洗亚白刚玉、GA88 矾土粉，则试样的高温抗折强度较小；在添加高纯镁砂细粉试样中，添加酸洗亚白刚玉、低钠亚白刚玉的试样高温抗折强度较强；在添加 α-Al_2O_3 试样中，添加电熔镁砂细粉，则试样的高温强度较强，中档镁砂较弱。

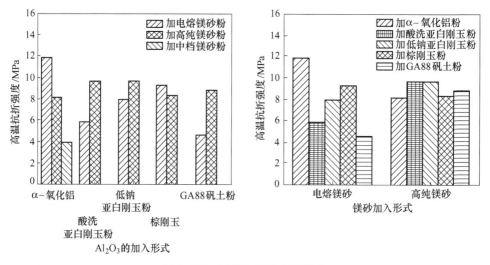

图 5-117　试样的高温抗折强度

5.3.3.7 镁砂和氧化铝类型对镁质复相耐火材料高温蠕变性的影响

从图 5-118 可以看出 B2 和 P11 两个试样在其他成分相同而所加镁砂细粉不同的情况下，B2 的蠕变量明显小于 P11 的蠕变量，可以推断在其他组分相同的情况下，加电熔镁砂细粉比中档镁砂细粉更有抗蠕变性，但两者在后 30h 的蠕变曲线走势基本相同。

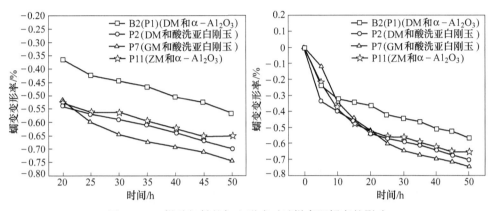

图 5-118　镁砂细粉的加入形式对试样高温蠕变的影响

在比较 P2 和 P7 的蠕变曲线中发现 P2 的蠕变量小于 P7 的蠕变量，可以判断在其他组分相同的情况下电熔镁砂细粉的抗蠕变性更好一些。至于在前 20h 的 P2 蠕变量大于 P7 的蠕变量，而在后 30h 的 P2 却小于 P7，可以假设在前 20h 的 P7 生成的尖晶石多而在后 30h 的 P2 生成的尖晶石多，可能是尖晶石有利于提高镁质材料的抗蠕变能力。

从图 5-119 可以看出，在加入相同的电熔镁砂细粉，而所加 Al_2O_3 形式不同的情况下，P2、P3、B2 三种试样的蠕变量大小顺序为 P2>P3>B2，从而可以推

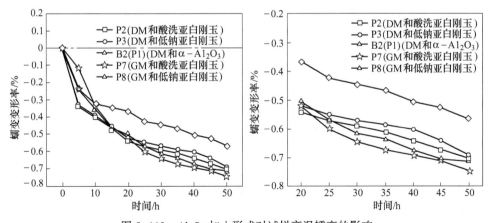

图 5-119　Al_2O_3 加入形式对试样高温蠕变的影响

断三种原料在加入相同的电熔镁砂细粉的抗蠕变性能顺序为 $\alpha-Al_2O_3$>低钠亚白刚玉>酸洗亚白刚玉，因为三者 Al_2O_3 的含量也是按照这个规律，三者在后 30h的蠕变趋势也几乎一致。P7、P8 是在加入相同的高纯镁砂细粉，而所加 Al_2O_3形式不同的情况下比较两种试样的蠕变量，P7>P8，说明在加入相同的高纯镁砂细粉，抗蠕变性能低钠亚白刚玉强于酸洗亚白刚玉。

5.3.3.8 镁砂和氧化铝类型对镁质复相耐火材料显微结构的影响

从图 5-120 中可以看出：在镁质材料中添加电熔镁砂细粉和酸洗亚白刚玉，方镁石颗粒周围有少量液相包围并且有少量解理。在沿方镁石颗粒周围生成了复合尖晶石，小块的液相被高耐火相的方镁石尖晶石包围，有利于方镁石颗粒的直接结合对抗蠕变有利，由于有解离存在，不利于高温抗折性。从图 5-121 中可以看出：在镁质材料中添加电熔镁砂细粉和低钠亚白刚玉，有少量液相并且液相相对集中没有包裹方镁石颗粒，没有解理，沿方镁石颗粒周围生成了复合尖晶石，提高了材料的高温抗蠕变性能。

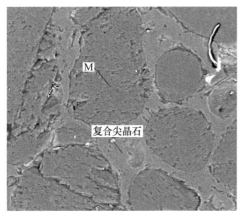
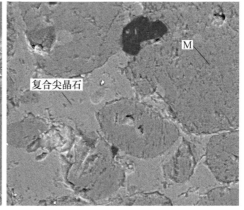

图 5-120 P2 的 SEM 照片（800×）   图 5-121 P3 的 SEM 照片（800×）

从图 5-122 中可以看出：在镁质材料中添加高纯镁砂细粉和酸洗亚白刚玉试样的图片中，沿方镁石颗粒周围生成了复合尖晶石增加方镁石之间的直接结合，基质中的液相量不大，但比较分散，使材料的抗蠕变性能降低。

从图 5-123 中可以看出：在镁质材料中添加高纯镁砂细粉和低钠亚白刚玉试样的图片中，沿方镁石颗粒周围生成了许多复合尖晶石，在方镁石内部也固溶了一些尖晶石，而硅酸盐相呈小块状分布在空隙中，被高耐火相包围，增加方镁石与尖晶石之间的直接结合，相量和 P7 比较非常少，材料的抗蠕变性都较 P7 有所提高。

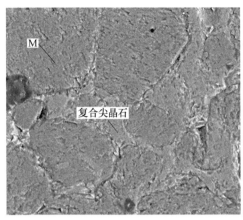

图 5-122　P7 的 SEM 照片（800×）

图 5-123　P8 的 SEM 照片（800×）

从图 5-124 中可以看出：在镁质材料中添加中档镁砂细粉和酸洗亚白刚玉的试样中，在沿方镁石颗粒周围生成了复合尖晶石和钙镁橄榄石为主的硅酸盐相，其中硅酸盐相成大的块状集中，被高耐火相所包围。有利于方镁石颗粒的直接结合，对抗蠕变性有利，但对高温抗折不利，钙镁橄榄石的熔点稍低，故不宜在高温下使用。

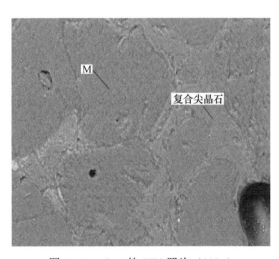

图 5-124　P11 的 SEM 照片（800×）

研究发现：预合成 MA 的加入多有利于材料的性能，在预合成 MA 的质量分数为 20%、α-Al_2O_3 的加入量为 9.5%综合性能比较好。Cr_2O_3 的少量加入使镁质复合材料显气孔率减少、体积密度增加，但是随着 Cr_2O_3 的增加，显气孔率又增加，体积密度又减少，甚至使体积密度减少至没加 Cr_2O_3 时的体积密度；α-Al_2O_3 含量的增加，使镁质复合材料的体积密度减少显气孔率增加，当 w（α-

Al_2O_3) >10%后，镁质复合材料的体积密度又增加、显气孔率减少；Cr_2O_3 和 α-Al_2O_3 含量的增加，均会明显降低镁质复合材料的线变化率，但是 Cr_2O_3 的作用明显强于 α-Al_2O_3；随着 Cr_2O_3 含量的增加，高温抗折强度呈上升趋势；随着 α-Al_2O_3 含量的增加，高温抗折强度呈先下降后有所回升的趋势；随着 α-Al_2O_3 含量的增加，高温蠕变率在减小，但是减少量很小；随着 Cr_2O_3 含量的增加，高温蠕变率在减小，而且减少量很大。中档镁砂的加入与电熔镁砂、高纯镁砂相比，镁质复合材料的常温抗折强度要小得多；高纯镁砂在与 GA88 矾土粉一起加入时，才能够获得较大的常温抗折强度；在热震稳定性上，中档镁砂的效果要远远高于其他两种镁砂；α-Al_2O_3 的加入能使镁质复合材料获得相对较高的常温耐压强度，中档镁砂的加入能获得较大的常温耐压强度，低钠亚白刚玉在与电熔镁砂一起加入时也能获得较大的常温耐压强度；α-Al_2O_3 的加入能使镁质复合材料获得相对较高的体积密度和相对较低的显气孔率，中档镁砂的加入所获得的体积密度要大于镁砂其他两种加入形式；GA88 矾土粉的加入使镁质复合材料在烧成后线变化率较大，而棕刚玉却能获得较小的线变化率；电熔镁砂和 α-Al_2O_3 的加入能使镁质复合材料获得相对较高的高温抗折强度，电熔镁砂和酸洗亚白刚玉或 GA88 矾土粉一起加入，使得镁质复合材料的高温抗折强度较低；电熔镁砂和 α-Al_2O_3 的加入能使镁质复合材料获得相对较低的高温蠕变率；高纯镁砂和 5 种不同形式 Al_2O_3 的配合使用，其高温抗折强度均较大；中档镁砂的加入，使得高温抗折强度较低。

5.4　方镁石/尖晶石复相烧成砖性能研究

5.4.1　方镁石/尖晶石复相烧成砖原料

实验以电熔镁砂、用后镁铬砖粒、镁铝尖晶石粉、氧化铝粉和氧化铬粉为主要原料，以铬刚玉粉和铬精矿作为添加剂。原料的主要化学成分见表 5-8。

表 5-8　原料的化学成分（质量分数）　　　　　　（%）

原　料	SiO_2	Al_2O_3	MgO	CaO	Fe_2O_3	Cr_2O_3
电熔镁砂	1.10	0.17	97.28	0.67	–	–
用后镁铬砖粒	1.23	3.11	69.30	0.45	4.38	21.81
镁铝尖晶石粉	2.97	29.31	58.60	–	1.71	–
铬刚玉粉	5.07	70.70	3.45	1.21	0.63	11.20

5.4.2　方镁石/尖晶石复相烧成砖配方

镁基复相材料的基础配方（质量分数）为：73% 的电熔镁砂（<3mm），

9.5%用后镁铬砖粒（3~1mm），5%的氧化铝粉（<0.074mm），12.5%的镁铝尖晶石粉（<0.074mm）。基于这个配方铬刚玉粉（<0.074mm）按照2.5%、5%、7.5%、10%、12.5%的比例（质量分数）分别加入，用于代替镁铝尖晶石粉（<0.074mm），相应的编号按顺序标记为A1~A5。第二个配方与第一个基本相同，除了用5%氧化铬粉（<0.074mm）代替5%的氧化铝粉末（<0.074mm）。第二个配方中铬刚玉粉（<0.074mm）按照2.5%、5%、7.5%、10%、12.5%的比例（质量分数）分别加入，用于代替镁铝尖晶石粉（<0.074mm），相应的编号按顺序标记为B1~B5。

第三个配方按照镁基复相材料的基础配方，铬精矿粉（<0.074mm）按照2.5%、5%、7.5%、10%、12.5%的比例（质量分数）分别加入，同样代替镁铝尖晶石粉（<0.074mm），相应的编号按顺序标记为C1~C5。第四个配方与第三个配方基本相同，除了用5%氧化铬粉（<0.074mm）代替5%的氧化铝粉末（<0.074mm）。第四个配方中铬精矿粉（<0.074mm）按照2.5%、5%、7.5%、10%、12.5%的比例（质量分数）分别加入，相应的编号按顺序标记为D1~D5。

5.4.3 方镁石/尖晶石复相烧成砖制备与检测

将按照配方配出的物料放入双转子连续混炼机混合15min。在混炼过程中加入3.5%纸浆废液作为结合剂。把混炼后的物料用800t摩擦压力机制成标准砖（230mm×230mm×65mm）。在110℃烘干24h后，将砖放到110m隧道窑中在1720℃下保温110min。按照耐火材料国家标准检测显气孔率、体积密度、常温常温耐压强度、线性膨胀系数和冷却后的抗热震性能。

5.4.4 铝铬渣对方镁石/尖晶石复相不烧砖性能的影响

5.4.4.1 铬刚玉对镁基复相材料显气孔率和体积密度的影响

铬刚玉的添加量对试样显气孔率的影响如图5-125所示。在不同的铬刚玉加入量下，A系列试样的显气孔率都大于B系列。铬刚玉的添加量对试样的体积密度的影响如图5-126所示。A系列试样的体积密度都小于B系列，说明在尖晶石形成的初期能够扩大镁基复相材料的表面和内部的间隙。铬刚玉粉提供与氧化镁反应的氧化铝，使镁铝尖晶石随着铬刚玉加入量的增加而增多。由于A系列的配方中有较多的氧化铝，因此A系列试样中镁铝尖晶石的合成量较多。

5.4.4.2 铬刚玉对镁基复相材料的常温耐压强度和烧后线变化率的影响

铬刚玉的添加量对试样常温耐压强度的影响如图5-127所示。当铬刚玉添加量为7.5%时，常温耐压强度最小，A系列为28MPa，B系列为34MPa。因为镁铝尖晶石的形成对烧结性能有不利影响。铬刚玉中的杂质能促进材料的烧结，使液相温度升高。当铬刚玉添加量大于7.5%时，常温耐压强度随着铬刚玉添加量

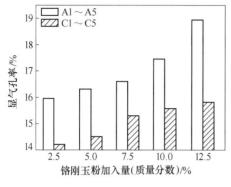

图 5-125 铬刚玉对显气孔率的影响

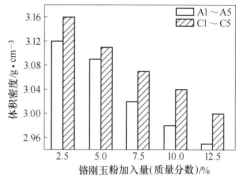

图 5-126 铬刚玉对体积密度的影响

增加而增大。铬刚玉的添加量对试样烧后线变化率的影响如图 5-128 所示。烧后线变化率增大说明了镁铝尖晶石的形成伴随有一定的体积膨胀。

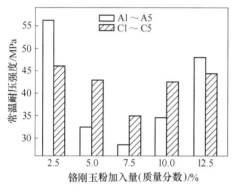

图 5-127 铬刚玉对常温耐压强度的影响

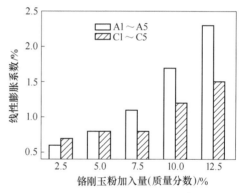

图 5-128 铬刚玉对线性膨胀系数的影响

5.4.4.3 铬刚玉的添加量对镁基复相材料的抗热震性能的影响

铬刚玉的添加量对试样抗热震性能的影响如图 5-129 所示。在 A 系列中当铬刚玉添加量为 7.5% 时，试样的平均热震次数最大，是 17.3 次。B 系列中当铬刚玉添加量为 10.0% 时，试样的平均热震次数最大，是 19.2 次。A 系列的抗热震性趋势与 B 系列相同。当铬刚玉添加量小于 7.5% 时，A 系列试样的热震次数随着铬刚玉加入量的增加而增加。当铬刚玉添加量增加到 10.0% 和 12.5% 时，A 系列试样的平均热震次数降低为 16.1 次和 14.2 次。当铬刚玉添加量小于 10.0% 时，B 系列试样的热震次数随着铬刚玉加入量的增加而增加。当铬刚玉添加量增加到 12.5% 时，B 系列试样的平均热震次数降低为 17.2 次。铬刚玉的加入可以促进镁铝尖晶石和镁铬尖晶石相的形成。在有多相生成时，不同时期的热膨胀系数不同。不同种类的尖晶石对镁质材料的热震性能起到有利的作用。过量的铬刚玉提供的氧化铬不固溶于镁质复相材料中，因此这对镁质复相材料的性能是不利的。综上所述，铬刚玉在 A 系列中最优的添加量是 7.5%，在 B 系列中最优的添加量是 10.0%。

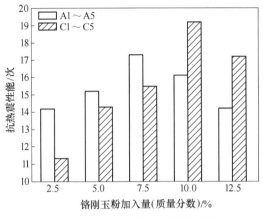

图 5-129 铬刚玉对热震性能的影响

5.4.4.4 铬刚玉的添加量对镁基复相材料的热力学性能的影响

用热力学分析软件对镁基复相材料引入铬刚玉进行热力学分析。对氧化镁和氧化铝反应、氧化镁和氧化铬反应进行热力学分析。当温度增加到约 1300K 时，镁铝尖晶石的吉布斯自由能小于镁铬尖晶石。说明镁铝尖晶石比镁铬尖晶石更容易形成。镁铝尖晶石形成随着温度的增加呈上升的趋势，镁铬尖晶石形成随着温度的增加呈下降的趋势。这种趋势与升温时的吉布斯自由能有关。当温度高于 1600K 时，镁铬尖晶石的吉布斯自由能大于零，如图 5-130 所示。

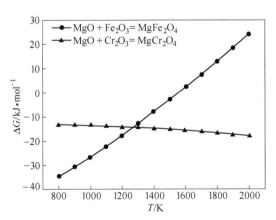

图 5-130 温度与反应自由能的热力学函数

铬刚玉粉添加到镁基复相材料中可以促进镁尖晶石的形成反应，扩大复相材料的表面和内部间隙。常温耐压强度、线性膨胀系数随着铬刚玉添加量的增加而增大。综上所述，铬刚玉在 A 系列中最优添加量为 7.5%，在 B 系列中最后添加量为 10.0%。

5.4.5　铬精矿对镁基复相材料性能的影响

5.4.5.1　铬精矿对镁基复相材料显气孔率和体积密度的影响

图 5-131 和图 5-132 所示为铬精矿对试样显气孔率和体积密度的影响。当铬精矿粉的添加量从 2.5% 增加到 12.5% 时，试样的显气孔率增加，体积密度下降。A 系列比 B 系列的变化趋势更明显。在 A 系列中氧化铝与氧化镁反应形成镁铝尖晶石，反应伴随着体积膨胀。当铬精矿添加量增加、镁铝尖晶石减少时，形成大量的镁铁尖晶石。当镁铝尖晶石添加量增加时，形成镁铬尖晶石和它们的固溶体。固溶反应能够加快镁基复相材料粉体的聚集。

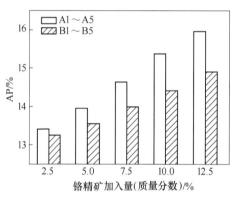

图 5-131　试样的显气孔率

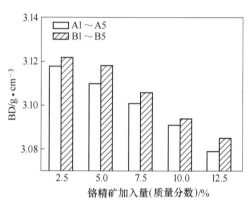

图 5-132　试样的体积密度

5.4.5.2　铬精矿对镁基复相材料显气孔率和烧后线变化率的影响

如图 5-133 所示，A 系列的常温耐压强度高于 B 系列，主要因为氧化铬烧结能力较差。试样的常温耐压强度随着铬精矿添加量的增加而增大。高温下铬精矿的液相增加，在某种程度上加快了铝离子、铁离子、铬离子的扩散，因此形成尖晶石的量增加，体积膨胀。如图 5-134 所示试样的线性膨胀系数呈增大的趋势。A 系列形成较多的镁铝尖晶石，B 系列形成较多的镁铬尖晶石，所以 A 系列的线性膨胀系数大于 B 系列。

5.4.5.3　铬精矿对镁基复相材料热震稳定性的影响

铬精矿对试样的抗热震性能的影响如图 5-135 所示。当铬精矿添加量为 10.0% 时，试样的抗热震性能是最好的。A 系列平均 16.3 次，B 系列平均 13.2 次。A 系列的抗热震性能的变化趋势与 B 系列相同。当铬精矿添加量小于 10.0% 时，A 和 B 系列的热震次数随着铬精矿添加量的增加而增加。当铬精矿增加量为 12.5% 时，A 和 B 系列的抗热震性能降低（分别平均为 14.5 次和 12.4 次）。铬

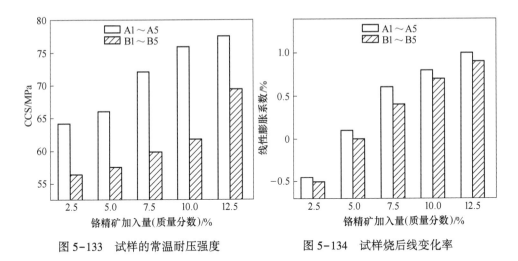

图 5-133　试样的常温耐压强度　　　　图 5-134　试样烧后线变化率

精矿的加入可以促进三种尖晶石的形成，有利于提高抗热震性能。但是加入的铬精矿过量后，氧化铬与镁基复相材料不固溶，这不利于复相材料的性能。综上所述，镁基复相材料中铬精矿的最优添加量为 10.0%。

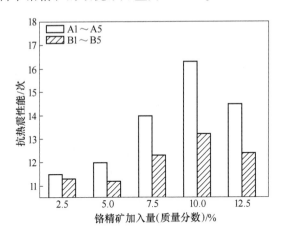

图 5-135　试样的抗热震稳定性

5.4.5.4　铬精矿对镁基复相材料热力学性能分析

对镁基复相材料用 HSC 热力学分析软件进行分析，如图 5-136 所示，试样在加热过程中发生 3 个相变反应。当温度高于 1300K 时，镁铝尖晶石的 ΔG 最小。随着温度的升高镁铝尖晶石反应得到促进，而镁铁尖晶石和镁铬尖晶石反应受到阻碍。主要因为镁铬尖晶石的 ΔG 在温度高于 1600K 时，其值为正，致使镁铬尖晶石的反应不能进行。因此，氧化铬固溶于镁铝尖晶石和镁铁尖晶石中。

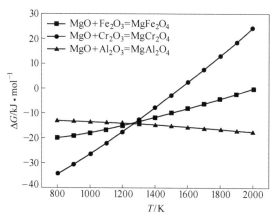

图 5-136 温度与反应自由能的热力学函数

　　将铬精矿粉添加到镁复合材料中，使材料的显气孔率增加，体积密度降低，常温耐压强度增大，线性膨胀系数增大。A 系列的显气孔率和体积密度的变化趋势比 B 系列更加明显。添加铬精矿可以促进三种尖晶石的形成，这有利于提高抗热震性能。理论上镁铬尖晶石不能在高温下形成，但能溶于镁基复相材料。综上所述，镁基复相材料中铬精矿的最优添加量为 10.0%。

5.5　方镁石/（原位/预合成）尖晶石复相烧成砖

　　方镁石/尖晶石材作为方镁石/尖晶石材料中的尖晶石相的存在形式和数量是影响方镁石/尖晶石材料性能的重要因素。普遍认为，方镁石/尖晶石材料各项性能提高，尤其是热震稳定性的提高源于方镁石和尖晶石的热膨胀性不同。在制造温度（约 1700℃）冷却到室温过程中，不同的热膨胀系数导致方镁石和尖晶石间形成较大的拉应力和压应力而使方镁石/尖晶石材料结构中出现大量微小裂纹，结构中大量的微小裂纹对方镁石/尖晶石材料在使用过程抵抗温度变化起到缓冲作用。本节以电熔镁砂、镁铝尖晶石和镁铬尖晶石两种预合成尖晶石为主要原料，通过高温固相反应制备方镁石/（原位/预合成）尖晶石材料。研究不同比例氧化铝/氧化铬在方镁石/尖晶石材料中形成不同形式的原位镁铝尖晶石对方镁石/尖晶石材料性能的影响。

5.5.1　方镁石/（原位/预合成）尖晶石复相不烧砖原料

　　制备方镁石/尖晶石材料的原料包括不同粒度级别的电熔镁砂、用后镁铬砖颗粒、镁铝尖晶石和镁铬尖晶石细粉以及氧化铝和氧化铬微粉。原料的化学组成见表 5-9。

表 5-9 实验原料化学组成（质量分数） （%）

原　料	SiO$_2$	Al$_2$O$_3$	MgO	CaO	Fe$_2$O$_3$	Cr$_2$O$_3$
3~1mm、1~0mm、<0.088mm 电熔镁砂	1.10	0.17	97.28	0.67	—	—
3~1mm 用后镁铬砖	1.23	3.11	69.30	0.45	4.38	21.8
<0.088mm 镁铝尖晶石	2.97	29.31	58.60	—	1.71	—
<0.088mm 镁铬尖晶石	0.76	6.54	44.1	0.66	9.75	37.6
<0.045mm 氧化铝	—	99.10	—	—	—	—
<0.045mm 氧化铬	—	—	—	—	<0.05	>90.0

5.5.2 方镁石/（原位/预合成）尖晶石复相不烧砖配方

实验设计配方见表 5-10，配方设计骨料和细粉质量分数分别为 68% 和 32%。方镁石/尖晶石材料的骨料包括 3~1mm、1~0mm 电熔镁砂以及 3~1mm 用后镁铬砖颗粒，细粉原料包括小于 0.088mm 的电熔镁砂、镁铝尖晶石和镁铬尖晶石以及小于 0.045mm 的氧化铝和氧化铬微粉。实验设计 A 和 B 两组配方，A 组配方细粉中加入 12% 的镁铝尖晶石，B 组配方细粉中加入 12% 的镁铬尖晶石，通过调整氧化铝和氧化铬比例关系分析原位尖晶石存在形式及数量对方镁石/尖晶石材料性能的影响。

表 5-10 实验配方（质量分数） （%）

原　料	A1	A2	A3	A4	B1	B2	B3	B4
骨　料	68	68	68	68	68	68	68	68
<0.088mm 电熔镁砂	15	15	15	15	15	15	15	15
<0.088mm 镁铝尖晶石	12	12	12	12	—	—	—	—
<0.088mm 镁铬尖晶石	—	—	—	—	12	12	12	12
<0.045mm 氧化铝	1	2	3	4	1	2	3	4
<0.045mm 氧化铬	4	3	2	1	4	3	2	1

5.5.3 方镁石/（原位/预合成）尖晶石复相不烧砖制备与检测

按实验配方称取物料，外加 3%~4% 的亚硫酸纸浆废液作为结合剂，对物料进行混炼。将混炼后物料机压成型，成型压力为 200MPa，试样尺寸 40mm×40mm×160mm。将 110℃ 保温 24h 干燥后试样通过 1700℃ 隧道窑烧成。按国标对烧成后试样的体积密度、显气孔率、常温耐压强度、热震稳定性（水冷法）和烧后线变化率进行检测。

5.5.4 不同比例氧化铝/氧化铬对方镁石/尖晶石复相不烧砖性能的影响

5.5.4.1 不同比例氧化铝/氧化铬对方镁石/尖晶石不烧砖体积密度、显气孔率的影响

图 5-137、图 5-138 分别为不同比例氧化铝/氧化铬对方镁石/尖晶石材料体积密度和显气孔率的影响图。从图中可以明显看出 A 组配方试样的体积密度普遍大于 B 组配方试样的体积密度，而 A 组配方试样的显气孔率普遍小于 B 组配方试样的显气孔率。分析认为，两组配方中尖晶石种类不同是导致此种现象的原因之一。而从试样的显气孔率差异情况看，A 组配方试样中预合成镁铝尖晶石与原位形成的尖晶石的固相反应作用较强。从 A 组配方试样显气孔率随着氧化铝/氧化铬比例的增加而增加说明原位生成的镁铝尖晶石高于原位生成的镁铬尖晶石，生成镁铝尖晶石过程中所造成的体积膨胀作用较大。原位形成的镁铝尖晶石易与预合成镁铝尖晶石发生固溶作用。B 组配方试样显气孔率表现出先减小后增大的趋势，预合成镁铬尖晶石与原位反应生成的尖晶石发生固溶作用使试样显气孔率有减小趋势，而随着氧化铝/氧化铬比例增加，原位生成镁铝尖晶石的数量增加，而原位生成镁铝尖晶石再结晶能力差导致了试样的显气孔率减小。分析认为，方镁石/尖晶石材料的制备过程中，电熔镁砂细粉与不同比例的氧化铝/氧化铬发生固相反应生成的镁铝尖晶石/镁铬尖晶石相是方镁石/尖晶石材料形成直接结合的主要原因，而原位生成镁铝尖晶石与预合成镁铝尖晶石和预合成镁铬尖晶石的固溶作用强弱也决定了方镁石/尖晶石材料结合强度的强弱。

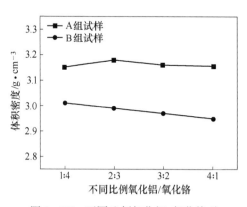

图 5-137 不同比例氧化铝/氧化铬对
方镁石/尖晶石材料体积密度的影响

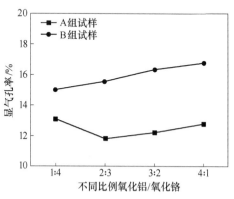

图 5-138 不同比例氧化铝/氧化铬对
方镁石/尖晶石材料显气孔率的影响

5.5.4.2 不同比例氧化铝/氧化铬对方镁石/尖晶石不烧砖常温耐压强度的影响

图 5-139 为不同比例氧化铝/氧化铬对方镁石/尖晶石材料常温耐压强度的影

响图。从图中烧后方镁石/尖晶石材料常温耐压强度的变化趋势可以看出：A 组配方试样烧后常温耐压强度明显高于 B 组配方试样常温耐压强度，随着氧化铝/氧化铬比例增加，A 组配方和 B 组配方试样的常温耐压强度逐渐增加，从试样常温耐压强度的增加趋势看出 A 组配方试样常温耐压强度增加趋势高于 B 组配方试样常温耐压强度的增加趋势。分析认为 A 组配方试样中随着氧化铝/氧化铬比例增加，系统中电熔镁砂与氧化铝通过固相反应生成原位镁铝尖晶石数量增加，系统中电熔镁砂与氧化铬通过固相反应生成原位镁铬尖晶石数量减少。生成的原位镁铝尖晶石与系统中预合成镁铝尖晶石的固溶作用增加了方镁石/尖晶石材料的直接结合程度，因此随着氧化铝/氧化铬比例增加，方镁石/尖晶石材料的常温耐压强度逐渐增加。B 组配方试样常温耐压强度变化趋势与 A 组配方试样常温耐压强度变化趋势相似，分析原因认为原位反应生成的镁铝尖晶石与系统中原有的预合成镁铬尖晶石的固溶作用比原位反应生成的镁铬尖晶石与系统中原有的预合成镁铬尖晶石的固溶作用要强，因此随着氧化铝/氧化铬比例增加，方镁石/尖晶石材料直接结合程度增加，常温耐压强度逐渐增加。

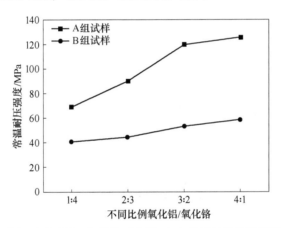

图 5-139　不同比例氧化铝/氧化铬对方镁石/尖晶石材料常温耐压强度的影响

5.5.4.3　不同比例氧化铝/氧化铬对方镁石/尖晶石材料热震稳定性的影响

图 5-140 为不同比例氧化铝/氧化铬对方镁石/尖晶石材料热震稳定性的影响图。从图中方镁石/尖晶石材料热震稳定性变化趋势看，A 组配方试样和 B 组配方试样热震稳定性均出现先增大后减小的趋势。A 组配方试样中，当氧化铝/氧化铬比例为 3∶2 时，方镁石/尖晶石材料热震稳定性最高，达到 30 次。B 组配方试样中，当氧化铝/氧化铬比例为 2∶3 时，方镁石/尖晶石材料热震稳定性最高，达到 18 次。分析认为，加入不同比例氧化铝/氧化铬原位生成不同含量镁铝尖晶石/镁铬尖晶石是导致方镁石/尖晶石材料热震稳定性差异的主要原因。如上

分析所述，对于 A 组配方试样，系统中原位生成的镁铝尖晶石和镁铬尖晶石与预合成镁铝尖晶石产生固溶作用，形成直接结合。同时考虑原位生成的尖晶石与电熔镁砂也形成直接结合，因此在 A 组配方试样结构中应该包含镁铝尖晶石、镁铬尖晶石和电熔镁砂，其中镁铝尖晶石作为主要物相起到连接作用。对于 B 组配方试样，镁铬尖晶石作为主要物相起到连接作用，随着氧化铝/氧化铬比例增加，B组配方试样中镁铝尖晶石代替一部分镁铬尖晶石的连接作用。从实验结果分析，镁铝尖晶石/镁铬尖晶石复合结合的方镁石/尖晶石材料热震稳定性较好。A 组配方试样氧化铝/氧化铬比例为 3∶2 时，方镁石/尖晶石材料热震稳定性最高。B组配方试样氧化铝/氧化铬比例为 2∶3 时，方镁石/尖晶石材料热震稳定性最高。

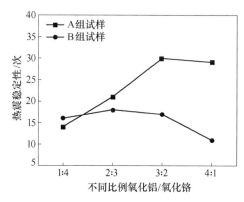

图 5-140　不同比例氧化铝/氧化铬对方镁石/尖晶石材料热震稳定性的影响

5.5.4.4　不同比例氧化铝/氧化铬对方镁石/尖晶石材料线变化率的影响

图 5-141 为不同比例氧化铝/氧化铬对方镁石/尖晶石材料线变化率的影响图。从图中方镁石/尖晶石材料线变化率的变化趋势看出，随着氧化铝/氧化铬比例增加，A 组配方试样和 B 组配方试样烧后线变化率均呈增大趋势，A 组配方试

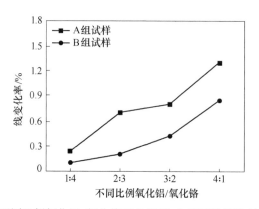

图 5-141　不同比例氧化铝/氧化铬对方镁石/尖晶石材料线变化率的影响

样烧后线变化率明显大于 B 组配方试样线变化率。分析认为试样烧后线变化率增大与系统中原位生成镁铝尖晶石和镁铬尖晶石有关，原位生成镁铝尖晶石的体积膨胀大于原位生成镁铬尖晶石的体积膨胀。因此，A 组配方试样和 B 组配方试样均表现出随着氧化铝/氧化铬比例增加，系统中生成镁铝尖晶石数量增加、镁铬尖晶石数量减少、方镁石/尖晶石材料烧后线变化率逐渐增大的趋势。

以电熔镁砂和两种预合成尖晶石为主要原料发生固相反应制备的方镁石/尖晶石材料，随着氧化铝/氧化铬比例增加，加入预合成镁铝尖晶石的 A 组配方试样显气孔率、常温耐压强度、烧后线变化率逐渐增加，加入预合成镁铬尖晶石的 B 组配方试样显气孔率先减小后增大，常温耐压强度、烧后线变化率逐渐增加。A 组配方试样氧化铝/氧化铬比例为 3∶2 时，方镁石/尖晶石材料热震稳定性最高，达到 30 次。B 组配方试样氧化铝/氧化铬比例为 2∶3 时，方镁石/尖晶石材料热震稳定性最高，达到 18 次。

6 镁质复相多孔材料

能源是维持人类生存和发展的物质基础，也是我国社会经济发展的重要问题。我国正处于从工业大国向工业强国转变的关键时期，"节能工程"成为了解决能源短缺的关键因素，国际上将节能工程与石油、天然气、煤和电力并称为五大常规能源。在冶金工业方面，如高炉、烧结炉、精炼炉和转炉等耗能设备在服役过程中，大部分热量会从炉底、炉衬、炉顶散失，不仅造成资源浪费和环境污染，热量流失及工作衬和永久衬的温差变化会使设备老化，缩短使用寿命。解决工业能源问题的方法之一就是优化工业窑炉设计，即采用多孔隔热保温耐火材料，减少热耗提高热效率。而传统的隔热耐火材料由于热导率高，强度、热震稳定性和耐磨性较差，常在工作层和永久层之间砌筑，但是隔热耐火材料越接近工作层的隔热效果越好。为达到节能目的以及使窑炉安全高效运行，隔热耐火材料正朝着抗侵蚀、高强度、耐高温和低导热且直接应用于工作层的方向发展。

多孔材料作为隔热耐火材料的一个分支，具有微孔结构、孔隙率高及良好的选择透过性，因此广泛应用于催化剂载体、薄膜、过滤器和热绝缘等领域。目前多孔材料主要以硅酸铝质、高铝质、刚玉质和莫来石质为主，但是这些原材料使用成本高，燃烧过程中产生的废弃物会对环境造成污染。众所周知，镁质多孔材料具有耐火度高、热导率低、碱性隔热等特点，可以在强碱腐蚀性等特殊环境下使用，是目前粉末冶金等高温窑炉内衬及绝缘层使用性能良好的一类碱性隔热材料。然而碱性隔热材料的主要原料就是菱镁矿，但是由于过度开采以及不合理利用，使得菱镁矿资源日渐枯竭，为此本章选用辽南地区菱镁矿浮选尾矿，既对废旧资源加以回收和利用，又充分发挥碱性隔热材料的优异性能，同时保护资源，实现能源可持续发展。

6.1 镁质多孔材料的研究现状

6.1.1 镁质多孔材料概述

碱性多孔材料指高温下可以与酸性渣、酸性耐火材料及溶剂或者氧化铝发生化学反应且具有微孔结构、孔隙率高、热导率低以及对液体和气体介质具有选择透过性的一类多孔耐火材料，包括镁质多孔材料、镁橄榄石质多孔材料、镁尖晶石质多孔材料以及一些复合的多孔材料。一般 MgO 质量分数大于 80%、以方镁石为主晶相的碱性多孔材料称为镁质多孔材料。这类材料耐火度高、抗碱性及铁渣侵蚀力强，能起到净化钢水的作用，但其热震稳定性较差，常用于转炉、钢包、中间包、炉外精炼以及有色熔炼炉等。

镁质多孔材料的主要原料是以菱镁矿为基础的一类镁质原料，包括菱镁矿、烧结镁砂、电熔镁砂和海水镁砂等。镁质多孔材料是目前粉末冶金等高温窑炉内衬及绝缘层使用性能良好的一类碱性隔热材料，虽然关于镁质多孔材料的研究还处于起步阶段，但是镁质隔热材料不仅发挥了隔热材料气孔率高、导热系数低、轻质保温等自身的优点，而且结合了镁质耐火材料耐火度高、抗碱性渣和高铁渣侵蚀能力强等特殊性能，其应用前景十分广阔。

国内外研究的镁质多孔材料一般为镁橄榄石、镁铝尖晶石质隔热材料，Jaroslav Čapek 等利用粉末冶金技术成功制备出镁质多孔材料，并探究烧结条件对材料显微结构和力学性能的影响，得到纯度高的气氛可提高材料力学性能；E. A. Vasil'eva 等探索了镁铝尖晶石质多孔材料的合成及性能研究，得到材料气孔率高达 50%；武汉科技大学李启伟等以菱镁矿和黏土为原料合成以方镁石、橄榄石和尖晶石为主要矿相的碱性隔热保温材料。通过探究多孔材料相组成、显微结构与性能的关系得出该碱性多孔材料具有较高的常温耐压强度、高温抗折强度以及荷重软化温度，同时当气孔率高达 55%时常温耐压强度为 40MPa，但是该材料的热导率较高。张显等结合发泡法和燃尽物法，以天然镁橄榄石和镁砂为主要原料，黏土为结合剂制备镁橄榄石质高强度微气孔的一类耐火材料，材料的体积密度为 $1.41 \sim 1.62 \text{g/cm}^3$，气孔率为 $66\% \sim 88\%$，常温耐压强度为 $8 \sim 28\text{MPa}$。

6.1.2 发泡工艺制备镁质多孔材料基础

6.1.2.1 流体类型

根据流体的流变特性将流体大致分为牛顿流体、塑性流体、假塑性流体以及胀性流体。牛顿流体是指剪切力与变形速率成正比且符合牛顿黏性定律的低黏性流体，其黏度与剪切力无关，数学表达式为 $\tau = \eta \dfrac{\mathrm{d}v}{\mathrm{d}x}$，一般纯液体、稀分散体系以及低分子稀溶液都属于牛顿流体，不符合牛顿流体类型的都属于非牛顿流体。若某一物体所受的切应力超过某一特定值，其形变永久，则该物体具有可塑性，其剪切力与变形速率呈线性关系，这种流体成为塑性流体，也称 Bingham 流体，其数学公式为 $\tau - \tau_r = \eta_p \dfrac{\mathrm{d}v}{\mathrm{d}x}$。当剪切力与变形速率关系的流变曲线通过原点，且不呈直线关系，即流体的黏度随着切变速率的增加而减小，这种流体被称为假塑性流体，高分子熔体和浓溶液大多属于假塑性流体。其表达式为 $\tau = \kappa \left(\dfrac{\mathrm{d}v}{\mathrm{d}x} \right)^n$（$0 <$

$n < 1$），κ 值越大，流体越黏稠。胀性流体的流变曲线通过原点，但是与假塑性流体相反，流体的黏度随着切变速率的增加而增大，也就是说 κ 值越小，流体越黏稠，用数学表达式解释为 $\tau = \kappa \left(\dfrac{\mathrm{d}\upsilon}{\mathrm{d}x} \right)^{n}$（$n > 1$），胀性流体必须满足分散相浓度高以及微观粒子必须分散这两个条件。

6.1.2.2 表面活性剂

表面活性剂是指一类能使溶剂表面张力降低的物质，根据分子结构的不对称性质，将表面活性剂分为两部分，一部分为亲水基团，是亲水极性部分；另一部分为亲油基团，是疏水部分，而决定表面活性剂性质的部分是亲水基团。根据亲水基团的结构和性质可知，表面活性剂分为离子和非离子表面活性剂，离子表面活性剂是指溶于水能电离生成离子的一类表面活性剂，而非离子表面活性剂是指不能电离生成离子的一类活性剂。离子表面活性剂又分为阴离子表面活性剂、阳离子表面活性剂和两性表面活性剂。阴离子表面活性剂包含羧酸盐、磷酸酯盐、磺酸盐和硫酸酯盐，这类活性剂在水中解离，阴离子基团起活性作用；阳离子表面活性剂包括铵盐和季铵盐，这类活性剂在水中解离，阳离子基团起活性作用；两性表面活性剂可同时电离成阴离子和阳离子，包括氨基酸盐和甜菜碱盐型；非离子表面活性剂按亲水基分类，可分为多元醇型和乙二醇型。

HLB 值是指在表面活性剂分子中亲水基和疏水基大小和长度的平衡关系，是一个经验数值，在 1~40 范围内变化，HLB 值越低说明疏水性强，相反 HLB 值越高说明亲水性强。HLB 值计算方式有很多，对于阴离子和非离子型表面活性剂可根据 HLB＝Σ 亲水基团数（H）－Σ 疏水基团数（L）+7 进行计算。表面活性剂中 HLB 值与其用途和在水中分散情况密切相关，见表 6-1 和表 6-2。

表 6-1 HLB 范围及应用

HLB 值范围	应用	HLB 值范围	应用
1~3	消泡剂	8~13	O/W 型乳化剂
3~6	W/O 型乳化剂	13~15	洗涤剂
7~9	润湿剂	15~18	增溶剂

表 6-2 HLB 范围及其在水中的分散程度

HLB 值范围	在水中分散情况	HLB 值范围	在水中分散情况
1~3	不分散	8~10	乳状分散、稳定
3~6	分散性不好	10~13	半透明到透明液体
6~8	乳状分散	>13	透明液体

6.1.2.3 起泡与消泡作用

泡沫具有多分散亚稳定结构，分散在液体中，分散介质为液体，分散相为气体。由于气体密度小于液体密度，所以气泡在液体中会上浮，形成泡沫。气泡被一层薄膜隔开，同时形成多面体结构，在交界处形成 Plateau 边界（见图6-1），按照 Laplace 公式：$\Delta p = 2\gamma/R$，液膜中内外压强差 Δp 与液膜半径 R 和液体的表面张力 γ 成反比。图6-1中 A 处为凹液面，$\Delta p < 0$；B 处几乎为平面，$\Delta p = 0$。由于 B 处液体压力大于 A 处，B 处会向 A 处排液，两气泡间液膜变薄，最终导致气泡破裂。此外，受重力影响，气泡也会发生破裂。由于液体向下运动排液，液膜厚度下降，同时受到外界干扰，气泡间相互挤压，更容易使气泡膜破裂。另一方面由于气泡大小不均，小气泡中气压大于大气泡中气压，导致气体从小气泡向大气泡中扩散，这样小气泡变小直至消失，大气泡变大直至破裂。

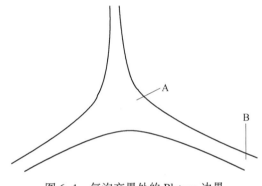

图6-1 气泡交界处的 Plateau 边界

6.1.2.4 影响泡沫稳定性的因素

影响泡沫稳定性的因素主要包括表面张力、液膜表面黏度、溶液黏度及表面电荷的影响等。

（1）表面张力。泡沫具有热力学不稳定性，其表面张力小，易形成泡沫。加入表面活性剂以后，能大幅度降低液体的表面张力，易形成泡沫体。在一定程度上降低溶液的表面张力，能有效提高泡沫的稳定性。根据前面 Laplace 公式，通过减小压强差，降低液膜排液速率，进而降低表面张力，可提高泡沫的稳定性。

（2）液膜表面黏度。表面黏度指的是液体表面单分子层的黏度，反映了液膜的强度，对泡沫稳定性起决定性作用。表面的黏度越大，泡沫的稳定越好，泡沫的存在时间越长。表6-3给出一些表面活性剂的表面黏度、表面张力与泡沫寿命。

表 6-3 某些表面活性剂的表面黏度、表面张力和泡沫寿命

表面活性剂	表面张力 $\gamma/N \cdot m^{-1}$	表面黏度 $\eta/Pa \cdot s^{-1}$	泡沫寿命 t/min
TritonX-100	30.5×10^{-3}	—	60
Somtomerse3	32.5×10^{-3}	3×10^{-5}	440

表面活性剂	表面张力 $\gamma/\mathrm{N}\cdot\mathrm{m}^{-1}$	表面黏度 $\eta/\mathrm{Pa}\cdot\mathrm{s}^{-1}$	泡沫寿命 t/min
E607L	25.6×10^{-3}	4×10^{-5}	1650
月桂酸钾	35.0×10^{-3}	39×10^{-5}	2260
十二烷基磺酸钠	23.5×10^{-3}	22×10^{-5}	6100

（3）溶液黏度。通过增大溶液黏度可提高薄膜强度，同时增加液体流动阻力，削弱重力排液过程，减缓液膜变薄速度，但前提是要在液体表面形成表面膜。

（4）表面电荷的影响。由于表面活性剂分子结构不对称，一头是亲水基团，另一头是亲油基团。当加入表面活性剂产生气泡式，由于表面吸附行为，表面活性分子在液膜表面富集，形成带负电荷的离子表面，正离子分散在液膜中，形成图6-2的结构，当液膜变薄时，由于同号电荷相斥会阻止液膜进一步变薄。

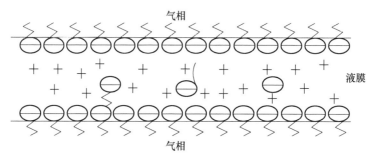

图6-2 液膜双电层结构

6.1.3 菱镁矿浮选尾矿的综合利用现状

我国辽南地区菱镁矿矿产丰富，储量很大。近几年，由于不合理开采及资源综合利用率低下，使得菱镁矿矿产资源日益枯竭。同时，菱镁矿浮选尾矿和废水大量丢弃，不仅污染环境，也浪费了宝贵的资源。因此，对菱镁矿浮选尾矿的综合利用迫在眉睫。分析尾矿的化学组成，研究其物理性能，得出尾矿可用于耐火材料、墙体保温材料、建筑材料以及化工产品等方面的生产。

（1）菱镁矿浮选尾矿应用于冶金工业。对尾矿加以合理利用，对发展循环经济、节约矿产资源以及环境保护方面起到至关重要的作用。近年来，国内外专家学者致力于尾矿的回收与利用问题，摸清尾矿的矿物分解及形成规律，提出一些尾矿处理的新思路、新工艺、新方法，转变看问题的角度，将传统的固体废料变成工业生产的主要原料。张斯博等利用菱镁石尾矿和铁尾矿成功制备出镁橄榄石质多孔隔热材料，由于镁橄榄石的熔点高、化学稳定性好、可抗熔融金属侵蚀，在制备高温热工设备中应用前景广阔。王玉斌就菱镁矿浮选尾矿及废水再利用问题做了大量的基础研究，将选矿流程进一步改进，使工艺过程更加合理，通过扩大尾矿的利用范围，找到行之有效的尾矿利用途径。同时徐徽等利用低品位菱镁矿成功制取高纯镁砂，制得的镁砂纯度为99.97%，密度为3.41g/cm³，各项指标远优于国内外同类产品。

（2）菱镁矿浮选尾矿应用于建筑行业。菱镁矿浮选尾矿经轻烧可制得氧化镁膨胀剂。高培伟等将氧化镁膨胀剂掺杂在混凝土泥料中，混合后的泥料中并没有出现后期收缩的现象。辽宁地区的菱镁矿品位极高，因此尾矿的工业利用价值很大。目前从节能环保的角度出发，建筑用轻质隔热砖代替传统的实心红砖。菱镁矿浮选尾矿大部分为碳酸盐矿相，高温分解容易发泡，在生产隔热墙体保温材料方面前景广阔。轻质隔热砌筑砖的生产工艺流程包括：原料→称料→搅拌→发泡→浇注→陈化→切割→养护→质检→包装→出厂，其重要工序为发泡、浇注、养护。该产品热导率低，是在建筑节能方面具有良好保温性能的一类材料。

6.1.4 利用菱镁矿浮选尾矿制备镁质多孔材料研究

目前我国环境污染和生态破坏问题已迫在眉睫，节能降耗和开发新能源等举措的实施刻不容缓，在钢铁冶金行业，工业窑炉在服役过程中造成的能源浪费加重了环境负担。为实现资源可持续利用和建设环境友好型社会，在窑炉用耐火材料方面，有必要研究一种新型轻质隔热耐火材料。一方面节能降耗，另一方面降低炉体蓄热和导热，提高热效率。同时减弱炉体对环境的散热温度，改善周围环境。迄今为止制备出的轻质多孔材料隔热效果有限，且制备方法单一。由于气泡具有多分散亚稳定结构，在液体中由于重力排液和Ostwald熟化等作用使得气泡破裂。为此，利用糊精稳泡作用能提高气泡的稳定性和在悬浮液中的均匀性，且节约成本，可批量生产。在碱性隔热耐火材料方面，绝大多数以菱镁矿为主要原料，而菱镁矿是不可再生资源，大量开采只会造成资源浪费，而以菱镁矿浮选尾矿为主要原料，既实现了节能降耗，又对废旧资源加以利用，减少资源浪费，应用前景广阔。本章以辽南地区丰富的菱镁矿浮选尾矿为主要原料，利用发泡法和糊精稳泡法制备镁质多孔材料，系统地研究料浆的性质及烧后试样的矿物相组成、微观结构和性能。重点对菱镁矿浮选尾矿进行化学分析、粒度分析、综合热分析及相组成分析，确定实验原料及添加剂，研究发泡法制备镁质多孔材料的制备工艺。同时，改变工艺参数（发泡剂、减水剂、分散剂及添加剂）研究多孔材料的料浆性质及其对烧后试样的相组成、微观结构和性能的影响。

6.2 发泡法制备镁质多孔材料

6.2.1 镁质多孔材料原料

本实验选用辽南地区丰富的菱镁矿资源，以菱镁矿浮选尾矿和电熔镁砂为主要原料，针对悬浮料浆中泡沫稳定性不好、泥浆的流动性差以及絮凝问题，向料浆中添加发泡剂、稳泡剂、减水剂以及分散剂，同时根据镁铝尖晶石和方镁石的热膨胀失配，在料浆中添加氧化铝，提高镁质隔热材料的热震稳定性。

具体实验原料如下：

（1）主要原料：菱镁矿浮选尾矿，电熔镁砂；

（2）发泡剂：十二烷基磺酸钠（SDS，AR）；

（3）稳泡剂：玉米糊精（AR）；

（4）减水剂：六偏磷酸钠；

（5）分散剂：柠檬酸钠；

（6）添加剂：α-氧化铝微粉。

其中菱镁矿浮选尾矿和电熔镁砂的化学组成见表6-4，菱镁矿浮选尾矿的粒度分析如图6-3所示。

表 6-4 原料化学组成（质量分数） （%）

原 料	SiO_2	CaO	MgO	Fe_2O_3	Al_2O_3	IL
菱镁矿浮选尾矿	5.52	0.95	44.40	0.32	0.23	48.25
电熔镁砂	0.70	1.40	97.05	0.80	–	0.30

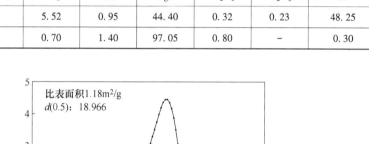

图 6-3 菱镁矿浮选尾矿的粒度分析曲线

根据表6-4所示菱镁矿浮选尾矿的化学组成，说明尾矿中存在大量挥发分，可为烧成镁质多孔材料提供大量的结构孔隙，因此需要对菱镁矿浮选尾矿进行综合热分析，进而为烧成镁质多孔材料的升温制度提供参考。图6-4为菱镁矿浮选尾矿的热流（Heat flow）和失重（Weight loss）曲线图。首先，在500℃附近，热流曲线上出现了一个明显的吸收峰，失重曲线上对应出现了较大程度的失重下滑线。当温度升高到约600℃时，失重曲线趋于平缓。从热流曲线和失重曲线的变化趋势说明500~600℃是菱镁矿浮选尾矿中碳酸镁集中分解的温度范围，在这一阶段中，碳酸镁发生了分解反应，放出二氧化碳气体。然而当温度升高至800~900℃范围时，失重曲线又出现了一次微小的下滑过程，分析认为此次失重是由于菱镁矿浮选尾矿中白云石的分解造成的，根据相关文献介绍碳酸钙约在850℃分解。基于以上综合热分析结果，镁质多孔材料在本实验烧成工序中，烧成制度在500~600℃和800~900℃采取缓慢升温方式。

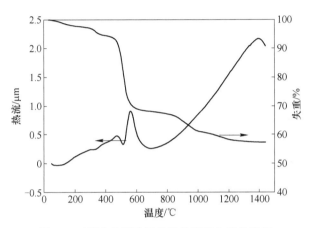

图6-4 菱镁矿浮选尾矿的热流和失重曲线图

图6-5所示为菱镁矿浮选尾矿的XRD图谱，从图中可以看出，尾矿的相组成主要包括菱镁矿（MgO）、滑石（$3MgO \cdot 4SiO_2 \cdot H_2O$）、白云石（$CaCO_3 \cdot MgCO_3$）和石英（$SiO_2$），且以菱镁矿为主要矿相。由于滑石是硅酸盐矿物相，白云石是碳酸盐矿物相，易在高温下分解。故引入电熔镁砂，将材料中的低熔点下转化为高温耐火相，提高制品的体积稳定性，防止裂纹的产生及扩展。

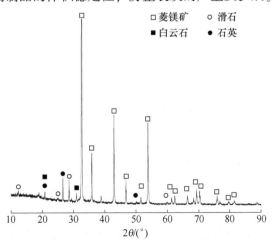

图6-5 菱镁矿浮选尾矿的XRD图谱

6.2.2　镁质多孔材料制备与检测

（1）根据所列的实验配方，对原料进行称重。将十二烷基磺酸钠和糊精放置于 1200mL 的烧杯中，加入蒸馏水，利用 JJ-1 型电动搅拌机搅拌 20min，进行混炼发泡。

（2）待泡沫均匀后加入减水剂、分散剂、添加剂继续搅拌 10min，使各物质分散均匀。

（3）将预先称好的菱镁矿浮选尾矿和电熔镁砂倒入 SJ-15 型砂浆搅拌器中，倒入预制发泡浆体，继续搅拌 20min，使所有物料分散均匀。

（4）将混炼后的料浆浇注在大小为 150mm×150mm×150mm 模具中成型，成型后试样在 60℃ 条件下养护 48h，脱模后坯体在 110℃ 条件下干燥 24h，干燥后坯体在 1300℃ 保温 5h 烧成。其工艺流程如图 6-6 所示。

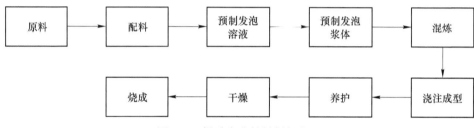

图 6-6　镁质多孔材料制备流程

用法国塞塔拉姆公司 Labsys Evo STA 同步热分析仪对尾矿进行综合热分析（温度范围为室温~1450℃，升温速率为 10℃/min）；采用成都仪器厂生产的 NXS-11B 旋转黏度计对 5 组配方料浆的黏度进行测定；通过 zeta 电位仪（HYL-1080）利用连续相与附着在分散粒子上的流体稳定层之间的电势差，研究悬浮料浆的稳定性和流动性；根据容重法测定样品的气孔率和体积密度，用 Hot-Disk 热常数分析仪（TPS2500s，Hot disk AB Co.，Sweden）测量烧后试样的热导率，通过 PhilipsX' Pert-MPD 型 X 射线衍射仪对烧后试样的相组成进行分析（CuK$_{\alpha1}$ 辐射，管压：40kV，管流：100mA，步长 0.02°，扫描速度为 4°·min^{-1}，扫描范围 0°~90°），利用日本电子 JSM6480LV 型扫描电镜对烧后试样的断口微观形貌包括气孔结构及孔径进行观察。

6.2.3　发泡剂对镁质多孔材料的结构及性能影响

本节选用十二烷基磺酸钠（SDS）作为发泡剂，糊精为稳泡剂，将发泡剂和稳泡剂复配使用制备预混料浆，经注浆成型、养护、干燥及烧成工序制得镁质多孔材料，研究十二烷基磺酸钠加入量对多孔材料的料浆性质及烧后试样矿物相组成、微观结构和性能的影响，具体实验方案见表 6-5。

表 6-5　试验配方（质量分数）　　　　　　　　　　（%）

原　料	1 号	2 号	3 号	4 号	5 号
菱镁矿浮选尾矿	44	44	44	44	44
电熔镁砂	22	22	22	22	22
α-氧化铝微粉	2.4	2.4	2.4	2.4	2.4
复配发泡剂①	0	1	2	4	8
柠檬酸钠	0.1	0.1	0.1	0.1	0.1
蒸馏水	25	25	25	25	25
六偏磷酸钠	2.5	2.5	2.5	2.5	2.5

①复配发泡剂由十二烷基磺酸钠和糊精组成，各占 50%。

6.2.3.1　发泡剂的加入量对悬浮料浆黏度的影响

一般来说，料浆的黏度和 Zeta 电位值会显著影响烧后试样的孔结构，通过分析料浆性质研究工艺参数对烧后试样显微结构的影响。图 6-7 所示为添加不同数量的发泡剂在不同转速下对料浆黏度的影响，可以看出，随着发泡剂添加量的增加，料浆的黏度逐渐增加。图 6-8 所示为泡沫系统结构图，可以看出，悬浮料浆系统是以气泡为中心，吸附固体颗粒的泡沫系统。SDS 作为一种阴离子表面活性剂引入到悬浮料浆中，能够显著降低溶液的表面张力，并依附在液膜表面的双电层，包裹空气形成气泡，再由单个气泡组成泡沫，提高泡沫的表面积，使得料浆的黏度增加，同时表面张力降低，使得表面气体扩散作用明显，料浆中气泡的稳定性提高。在一定范围内，SDS 浓度的增加，会加速 SDS 分子吸附在气—液表面上，表面张力降低至最小，发泡效果最好。一旦超出这个范围，即发泡剂质量分数从 4% 增加至 8% 时，悬浮料浆的黏度陡然增大，SDS 分子在液膜表面的吸附量达到饱和，溶液中的表面张力不再减小，反而过多的 SDS 存在会增加料浆的黏

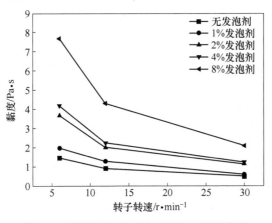

图 6-7　料浆的黏度与转子转速之间的关系

度，降低料浆的流动性，阻碍发泡效率，破坏泡沫的稳定性。分析认为稳泡剂糊精的作用机理是：糊精可以迅速溶解到水溶液中，糊精大分子在水溶液中流动时会产生比较大的内部摩擦，导致整体悬浮液黏度升高。同时温度升高，糊精分子间氢键断裂，使悬浮料浆凝胶化，增大料浆黏度，降低液膜排液速率，充分发挥稳泡作用。

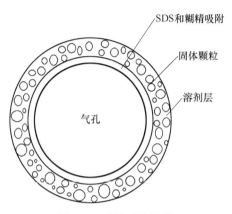

图 6-8　泡沫系统结构

　　观察图 6-7 也可以看出，在发泡剂加入量相同时，料浆的黏度随着转速增加而减小，说明实验料浆悬浮液属于假塑性流体。一方面，在料浆制备过程中，料浆中存在一定程度的假塑性，在剪切力作用下有利于得到较低黏度的泡沫悬浮液，同时延迟周围气泡膜的破裂，使泡沫的稳定性增强；另一方面，由于流体的黏度随剪切速率的增加而减小，出现剪切变稀行为，剪切力使得悬浮体系中微弱的网络结构被破坏，导致体系黏度降低。综上所述，本实验以发泡剂加入量为 4% 为基础配方，并进行下一步实验探究。

6.2.3.2　发泡剂的加入量对料浆 zeta 电位和 pH 值的影响

　　发泡剂的浓度与料浆的 zeta 电位和 pH 值之间的关系如图 6-9 所示，从图中可以看出，随着发泡剂添加量的增加，悬浮料浆的 zeta 电位逐渐减小，pH 值随之增大。分析认为，发泡剂加入量增加，阴离子表面活性剂浓度增大，使得溶液的表面张力降低，料浆的黏度增大，料浆中颗粒间静电斥力作用减弱，双电层之间的 zeta 电位值下降。同时十二烷基磺酸钠在水中电离出 Na^+ 和 $C_{12}H_{25}SO_3^-$，$C_{12}H_{25}SO_3^-$ 结合水中游离的质子，使得体系的 OH^- 浓度增大，料浆中电解质浓度增大，使双电层压缩，zeta 电位值降低，静电斥力减弱，料浆黏度增大，悬浮液中气泡稳定性下降。观察图 6-8 可知，发泡剂浓度在 1%~4% 之间变化不大，当浓度增加到 8%，泡沫稳定性恶化，黏度增加明显，zeta 电位值大幅降低，所以，发泡剂加入量为 4% 为最优方案，与黏度分析结果一致。

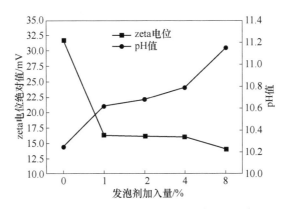

图 6-9 发泡剂的浓度对料浆的 zeta 电位和 pH 值的影响

6.2.3.3 发泡剂的加入量对烧后试样致密性和热导率的影响

图 6-10 所示为添加不同数量的发泡剂对烧后试样的体积密度和气孔率的影响。从图中可以看出，烧后试样的体积密度随着发泡剂浓度的增加而减小，显气孔率的变化正好相反。说明十二烷基磺酸钠加入量越大，在料浆中形成的气泡数量越多，高温烧成后留下的气孔数量越多，烧后试样的气孔率增加，体积密度减小。同时糊精的加入能够稳定 SDS 在料浆中产生气泡，使得气泡在烧成过程中稳定存在并形成气孔。同时发泡剂添加量为 1% 时，烧后试样的显气孔率为62.89%，当发泡剂的加入量增加到 2% 时，烧后试样的显气孔率显著增加至68.97%，随着发泡剂加入量的进一步增大，烧后试样气孔率增加缓慢。分析认为，泡沫是一种多分散的亚稳定状态，很容易破裂。由于黏度的增加，在一定程度上使得泡沫液膜排液速度减慢，泡沫的稳定性得到提高，从而延长了泡沫的存在时间。当料浆黏度过大时，整体流动性迅速下降，气泡稳定性变差，糊精的稳泡作用受到抑制。因此随着发泡剂加入量进一步增大，消泡作用明显优于起泡作

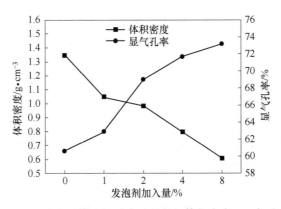

图 6-10 发泡剂浓度对烧后镁质多孔材料的体积密度和显气孔率的影响

用，烧后试样的气孔率增加缓慢。同时常温养护及干燥脱水对于镁质多孔材料坯体制备尤为重要，坯体煅烧是镁质多孔材料获得强度的最直接方式，通过高温固相反应烧结来实现固相颗粒间的直接结合。

多孔材料可以看作是一种由固态骨架和空气组成的两相体系，材料的热导率可以用来描述这种两相体系的内部传热过程。依据传热学的原理，在镁质多孔材料由方镁石固态骨架和空气组成的两相系统中，材料的热导率不仅与气孔率有关，同时与材料内部的空隙结构息息相关。根据相关文献的研究结果可知，多孔材料应该规划为"内孔"材料，且发泡剂添加量从1%增加到4%，烧后试样的热导率明显下降。表6-6所示为烧后各试样的热导率和气孔率之间的关系，从某种程度上来说，气孔率影响材料的导热性能，材料内部的气孔中存在很多空气，空气的热导率远低于固体的热导率。当材料内部气体的含量较高时，气孔内部气体间的对流换热作用增强。一般来说，多孔材料内部的传热方式主要以热传导为主，因而孔洞内气相之间的对流传热对材料的热导率贡献较小，因此随着材料显气孔率的增加，热导率下降。当发泡剂加入量为4%时，材料的热导率为0.174W/mK，与发泡剂浓度为8%时材料的热导率接近，同时发泡剂加入量为4%时，不仅发泡效果好，而且烧后试样具有适宜的机械强度。

表 6-6　烧后试样的气孔率和热导率

性能参数 ＼ 发泡剂浓度	0%	1%	2%	4%	8%
显气孔率/%	60.65	62.89	68.97	71.71	73.17
热导率/W·mK^{-1}	0.318	0.31	0.246	0.174	0.17

6.2.3.4　发泡剂的加入量对烧后试样相组成及显微结构的影响

图6-11所示为烧后试样的XRD图谱，可知发泡剂加入量对烧后试样的矿物相组成没有影响，同时镁质多孔材料以方镁石为主晶相，镁铝尖晶石为次晶相。分析认为镁铝尖晶石的形成是菱镁矿分解所形成的活性氧化镁与添加剂 α-氧化铝原位反应的结果，相对于原料配方中电熔镁砂，菱镁矿分解所形成的氧化镁活性更高，更易于与 α-氧化铝反应形成镁铝尖晶石。此外，原料中菱镁矿浮选尾矿分解为镁质多孔材料提供了框架空间，分解形成的活性氧化镁与添加剂 α-氧化铝微粉发生原位反应并所伴随5%~7%的体积膨胀能抵消部分因烧结产生的体积收缩，保证了制品的架构不受破坏，同时在一定程度上为制备镁质多孔材料创造了条件。XRD分析结果说明在煅烧过程中有机物发泡剂SDS和糊精发生烧失或分解，并对烧后镁质多孔材料矿物相组成没有影响。

图6-12所示为烧后试样中断口处的微观结构图，可以看出未加入发泡剂的1号烧后试样断口处显微结构中出现部分过烧的局部烧结体，随着发泡剂加入量

△方镁石 □镁铝尖晶石

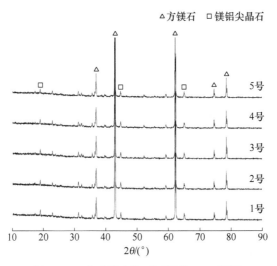

图 6-11 实验配方烧后试样的 XRD 图谱

图 6-12 烧后试样断面显微结构图

的不断增加，局部烧结体变小和变少，体系气孔率增加。当发泡剂加入量为 4%时，烧后试样断口处的颗粒大小及气孔分布相对均匀，断面微观结构变化趋势说明通过加入发泡剂，使料浆中颗粒之间形成微小气泡，增大颗粒之间的空间距离，减少颗粒之间的接触面积。同时，随着发泡剂的加入量增加，烧后试样气孔率增大，断口处多数为圆形封闭气孔，且均匀分布在方镁石相周围。仔细观察断口形貌可以看出，大气孔内壁附着小的圆形气孔，大气孔是由于发泡剂的加入造成的，而小气孔则是由于有机物燃烧和颗粒集聚双重作用的结果。在此基础上对料浆进行养护、干燥和烧成，保持了颗粒之间的原始架构。

根据 Laplase 方程悬浮料浆中气泡压力为

$$\Delta P = P_1 - P_2 = \frac{2\gamma}{R} \tag{6-1}$$

式中　P_1，P_2——气泡内外压力；

　　　　ΔP——表面张力所产生的附加压力；

　　　　γ——表面张力；

　　　　R——气泡半径。

可以看出，随着发泡剂加入量的增加，溶液表面张力减小，表面张力在弯曲表面上所产生的附加压力减小，气泡内部压力大于 ΔP 与外界压力之和，气泡中液膜膨胀，气泡半径增大，经高温煅烧后，气孔尺寸随着发泡剂含量的增加而增大。

6.2.4 减水剂对镁质多孔材料的结构及性能影响

本实验选用六偏磷酸钠（$NaPO_3)_6$ 作为减水剂，并根据上述实验结果以发泡剂加入量4%为基础配方（即8号实验配方与4号实验配方一致），预制混合料浆，经注浆成型、养护、干燥及烧成工序制得镁质多孔材料，研究六偏磷酸钠加入量对多孔材料的料浆性质及烧后试样的气孔率、微观结构等性能的影响，具体实验方案见表6-7。

表 6-7　试验配方（质量分数）　　　　　　　（%）

原　料	6 号	7 号	8 号	9 号	10 号
菱镁矿浮选尾矿	44	44	44	44	44
电熔镁砂	22	22	22	22	22
α-氧化铝微粉	2.4	2.4	2.4	2.4	2.4
复配发泡剂	4	4	4	4	4
柠檬酸钠	0.1	0.1	0.1	0.1	0.1
蒸馏水	25	25	25	25	25
六偏磷酸钠	0	1.25	2.5	3.75	5

6.2.4.1 减水剂的加入量对悬浮料浆黏度的影响

图 6-13 为改变减水剂的加入量在不同转速下对料浆黏度的影响。从图中可知，随着转速的增加，料浆黏度下降，并呈现一个清晰的假塑性行为。分析认为，这种假塑性行为在料浆制备过程中是有利于发泡的，在机械搅拌过程中黏度减小，有足够的空间产生气泡。同时在静态束缚力减弱的条件下，有利于气泡稳定存在。从图 6-13 中还可以看出，随着减水剂加入量的增加，悬浮料浆的黏度逐渐减小。在一定范围内，随着减水剂含量的增多，料浆中镁砂和菱镁矿浮选尾

矿颗粒表面定向吸附了疏水基团，并带有同种电荷，使得颗粒表面的 zeta 电位增加。同时颗粒间排斥力增加，破坏了料浆颗粒的絮凝布局，使料浆颗粒更加分散，加速释放颗粒组成的凝集结构中包裹的结合水，提高了料浆静态条件下的稳定性，延缓了气泡的破裂速度，悬浮料浆黏度下降。当减水剂加入量为 0%、1.25% 和 2.5%，料浆黏度值接近，而随着减水剂含量的进一步增加，悬浮料浆的流动性恶化，黏度值迅速下降，释放了过多的颗粒间结合水。一部分气泡在浮力的作用下不断上浮，最终到达料浆表面破裂；另一部分气泡由于表面张力不断减小，气泡中液膜膨胀，气泡半径不断增大，最终破裂。

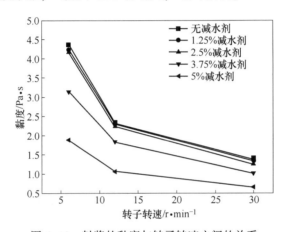

图 6-13　料浆的黏度与转子转速之间的关系

6.2.4.2　减水剂的加入量对料浆 zeta 电位和 pH 值的影响

减水剂浓度与料浆 zeta 电位和 pH 值的关系如图 6-14 所示，悬浮料浆的 zeta 电位随着减水剂加入量的增加而增大，pH 值的变化趋势则相反。一方面，镁质悬浮料浆处于碱性环境中。在碱性条件下，溶液中 OH^- 中和过多的 H_3O^+，而六偏磷酸钠的分子式为 $(NaPO_3)_6$，属于阴离子表面活性剂，在溶液中会发生如下的水解反应：

$$(NaPO_3)_6 + 6H_2O \Longleftrightarrow 6NaOH + 6HPO_3$$

$$HPO_3 + H_2O \Longleftrightarrow H_3PO_4$$

$$H_3PO_4 \Longleftrightarrow H^+ + H_2PO_4^-$$

$$H_2PO_4^- \Longleftrightarrow H^+ + HPO_4^{2-}$$

$$HPO_4^{2-} \Longleftrightarrow H^+ + PO_4^{3-} \tag{6-2}$$

碱性环境中水解反应向右进行，溶液中形成过量的磷酸根离子，定向吸附在菱镁矿浮选尾矿和电熔镁砂的颗粒表面。这种带同种电荷的疏水基团使颗粒表面的 zeta 电位增加，颗粒间排斥力增加，破坏了料浆颗粒的絮凝布局，使料浆颗粒更加分散，改善了悬浮料浆的流动性。另一方面，六偏磷酸钠在溶液中水解生成 H⁺，部分 OH⁻ 中和溶液中过剩的 H⁺，使悬浮料浆中的电解质浓度降低，整个体系的 pH 值下降，zeta 电位增加，黏度减小。同时六偏磷酸钠电离出的 Na⁺ 水化能力强，水化膜增厚，进一步增加颗粒间的排斥力，zeta 电位增加，料浆流动性得到改善。

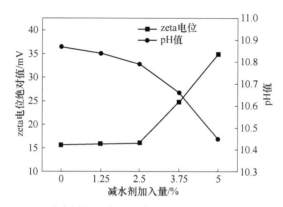

图 6-14　减水剂的浓度对料浆的 zeta 电位和 pH 值的影响

6.2.4.3　减水剂的加入量对烧后试样致密性的影响

图 6-15 所示为减水剂加入量对烧后试样体积密度和显气孔率的影响。从图中可以看出，随着减水剂加入量的增加，烧后试样的体积密度先减小后增大，气孔率则是先增大后减小，并在减水剂加入量为 2.5% 出现拐点。分析认为，在一定程度上，减水剂含量的增加，加速悬浮料浆中颗粒表面吸附带同号电荷的疏水基团。颗粒间斥力增加，使得颗粒表面的 zeta 电位增加，破坏了料浆颗粒间的絮凝结构，使得悬浮颗粒更加分散。颗粒间的这种斥力为发泡剂起泡提供了很大的空间，料浆的流动性有所好转。同时减水剂的增加，加速释放了颗粒间凝集结构

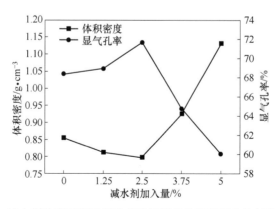

图 6-15　减水剂浓度对烧后镁质多孔材料的体积密度和显气孔率的影响

中包裹的结合水，使料浆静态条件下的稳定性得以提高，延缓了气泡的破裂速度，烧后试样的显气孔率增大。但是，当减水剂加入量增加到 3.75% 时，释放的结合水增多，料浆的流动性恶化。根据重力排液原理，料浆中形成的气泡由于体积密度小容易发生上浮、破裂等现象。同时料浆内部由于颗粒间排斥力迅速增加，气泡周围的束缚力减弱，气泡不断长大，最终破裂，烧后试样的体积密度反而增大，气孔率显著下降。

6.2.4.4 减水剂的加入量对烧后试样显微结构的影响

图 6-16 所示为添加不同数量的减水剂烧后试样放大 1000 倍断口处显微结构图，可以看出，6 号试样断口处气孔孔径细小。说明在料浆制备过程中，未加减水剂，使得料浆整体流动性差，颗粒间排斥力弱，影响了气泡的发泡效果。随着减水剂浓度的不断增加，料浆的黏度减小，烧后试样断口处气孔尺寸减小，气孔分布越来越均匀，8 号试样断口处气孔数量最多，气孔直径在 $2\sim3\mu m$，同时颗粒间弥散分布在气孔周围，为气孔形成提供有利条件。随着减水剂浓度的进一步增加，烧后试样断口处出现过烧的局部烧结体。这是因为过多的减水剂导致悬浮料浆的流动性恶化，过多的颗粒间结合水释放，使得部分气泡上浮至料浆表面，而后破裂，料浆发生不可逆的絮凝现象，导致烧后试样中断口处出现团聚的局部烧结体。同时烧后试样的气孔尺寸增大，气孔率下降，多孔材料的导热系数增加，影响了材料的隔热保温性能。从 10 号试样断口处的 SEM 图像可以看出大片的局部过烧体，同时气孔尺寸不均，大气孔较多，裂纹易在此处扩展，影响材料的断裂韧性。

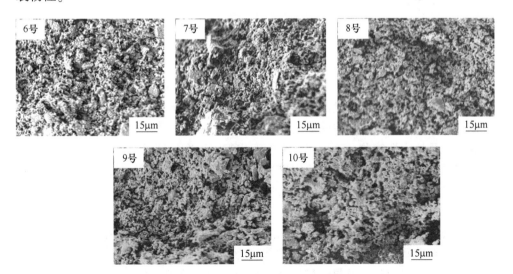

图 6-16 烧后试样断面显微结构图

6.2.5 分散剂对镁质多孔材料的结构及性能影响

在料浆制备过程中，外加水量对料浆的黏度和絮凝结构影响极大，外加水量较少时，料浆的黏度很大，颗粒间静电斥力减弱，机械搅拌过程中会破坏气泡结构。同时影响发泡剂的起泡效果，进而影响了多孔材料的孔结构；外加水量过大时，导致气泡与料浆泥团之间的结合作用变弱，料浆的流动性恶化，使悬浮料浆内部出现絮凝结构，加速泥浆的沉降。本节实验以柠檬酸钠为分散剂，通过改变柠檬酸钠在悬浮料浆中的浓度改善料浆的絮凝状态，并根据上述实验结果以发泡剂加入量4%和减水剂加入量为2.5%为基础配方，经注浆成型、养护、干燥及烧成工序制得镁质多孔材料，进而研究柠檬酸钠加入量对多孔材料的料浆性质及烧后试样的致密性、微观结构等性能的影响，具体实验方案见表6-8。

表6-8 试验配方 (质量分数) (%)

原　料	11 号	12 号	13 号	14 号	15 号
菱镁矿浮选尾矿	44	44	44	44	44
电熔镁砂	22	22	22	22	22
α-氧化铝微粉	2.4	2.4	2.4	2.4	2.4
复配发泡剂	4	4	4	4	4
柠檬酸钠	0	0.1	0.2	0.3	0.4
蒸馏水	25	25	25	25	25
六偏磷酸钠	2.5	2.5	2.5	2.5	2.5

6.2.5.1 分散剂的加入量对悬浮料浆黏度的影响

图6-17为改变分散剂的加入量在不同转速下对料浆黏度的影响。从图中可以看出，随着转速的增加，悬浮料浆的黏度下降，说明该实验料浆为假塑性流体，这种随着转速增加黏度减小的剪切变稀行为有利于气泡的形成。随着分散剂柠檬酸钠浓度的增加，料浆的黏度减小。一般来说，料浆的黏度越低，气泡越易形成，但是稳定性越差，这说明气泡的形成需要所在的体系具有一定的黏度，这样气泡具有良好的形成能力和稳定能力。当分散剂加入量为0%时，颗粒间既存在范德华力又存在静电斥力，只有当颗粒间距很小时，颗粒间产生的静电斥力才能克服范德华力。所以此时的料浆很不稳定，颗粒分散作用很弱，部分颗粒易发生团聚现象。随着分散剂加入量的增加，柠檬酸钠在水中电离并吸附在颗粒表面，增大颗粒间的静电斥力。分散剂浓度为0.2%时，颗粒表面带有的离子电荷接近饱和，料浆的分散效果最好，体系稳定。随着分散剂的加入量进一步增大，颗粒表面吸附了过饱和的离子电荷，料浆的流动性恶化，悬浮料浆内部出现的絮凝结构加速泥浆的沉降。气泡膜受到周围粒子的挤压，部分气泡破裂，留下的气

泡在烧成过程中因为受力不均形成了不规则的孔结构，影响了多孔材料的保温效果。

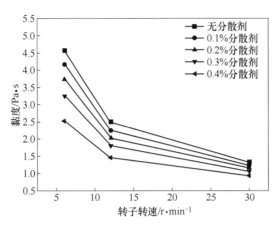

图 6-17 料浆的黏度与转子转速之间的关系图

6.2.5.2 分散剂的加入量对料浆 zeta 电位和 pH 值的影响

分散剂加入量与料浆 zeta 电位和 pH 值的关系如图 6-18 所示，悬浮料浆的 zeta 电位随着分散剂加入量的增加而增大，pH 值的变化趋势则相反。分析认为，随着柠檬酸钠加入量的提高，悬浮料浆的流动性明显好转。在相同的电解质浓度下，高价阳离子可以置换出低价阳离子。但是当离子浓度不同时，低价阳离子也可置换出高价阳离子。在一定范围内，柠檬酸钠的引入，增加了颗粒表面带电荷量。离子浓度增加，Na^+ 能从颗粒团聚体的吸附层中置换出高价的 Mg^{2+}。这是因为所需离子解析度高，所以 Na^+ 可以从吸附层中脱离出来，进入到扩散层。离子之间的 zeta 电位提高，颗粒间的静电斥力增加，扩大了斥力场强范围，使得原来在颗粒周围形成的絮凝结构均匀分散，颗粒也变得均匀分散，悬浮料浆的流动性

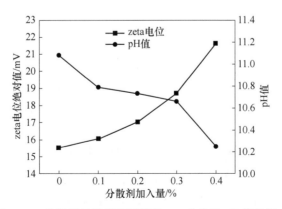

图 6-18 分散剂的浓度对料浆的 zeta 电位和 pH 值的影响

得以提高。同时为气泡的产生提供了充足的空间，改善了多孔材料的隔热保温性能。此外，游离的 Na⁺ 会结合水中电离出的 OH⁻，降低料浆的 pH 值。但是柠檬酸钠的加入量不宜过高，过高会导致气泡与料浆泥团之间的结合作用变弱。首先料浆的流动性恶化，气泡因周围束缚力减弱而迅速长大直至胀破。而后泥浆迅速沉降，不仅在料浆内部形成絮凝结构，加快沉降速度，而且沉降的颗粒压迫正在形成或已经形成的气泡，致使气泡破裂。

6.2.5.3   分散剂的加入量对烧后试样致密性的影响

在某种程度上，分散剂的浓度显著影响多孔材料的体积密度和气孔率。图 6-19 所示为添加不同数量的分散剂对烧后试样致密性的影响，从图中可以看出，随着柠檬酸钠加入量的增加，烧后试样的体积密度呈先减小后增大的趋势，气孔率的变化则相反。分析认为，未加入分散剂，悬浮料浆中颗粒间由于静电斥力很弱，易发生颗粒团聚的现象。粒子周围的气泡受到碰撞、挤压、变形甚至破裂，料浆的黏度很大，烧后试样的致密化程度加深。加入分散剂后，增加了料浆中颗粒间的斥力，使团聚的颗粒分散开。料浆流动性增加使溶液中的 zeta 电位提高，气泡周围对气泡形成的束缚力减弱，为气泡的产生提供了有利空间，烧后试样的气孔率显著增加。随着分散剂浓度的不断增加，气泡与料浆泥团之间的结合作用很弱，料浆的流动性恶化。由于气泡周围束缚力很弱，使得气泡开始在不受外界约束的条件下迅速长大，增加了液膜的破裂速度，部分气泡破裂，另一部分气泡膜变薄。而后再养护过程中由于料浆中的颗粒由于重力作用，迅速沉降堆积、挤破，并在搅拌过程中形成的气泡，使得烧后试样中显气孔率的数值迅速下降，影响了多孔材料的隔热效果。

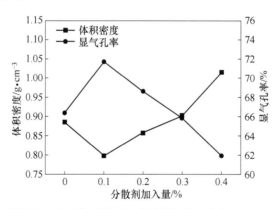

图 6-19   分散剂浓度对烧后镁质多孔材料的体积密度和显气孔率的影响

6.2.5.4   分散剂的加入量对烧后试样显微结构的影响

图 6-20 所示为添加不同数量的分散剂烧后试样放大 1000 倍断口处显微结构。从图中可以看出，11 号试样在料浆制备的过程中出现许多颗粒团聚的团聚

体,经过高温煅烧后团聚体变成了过烧的烧结体,增加了材料的致密性。同时气孔大小不均,形状不规则。12 号试样为添加 0.1%分散剂烧后试样断口处的微观结构图,相比 11 号试样,12 号的气孔分布均匀,气孔孔径均一,且大多为圆形的封闭气孔,几乎不存在过烧的局部烧结体。说明 0.1%分散剂加入,可使悬浮料浆中颗粒分散均匀,烧成后不仅气孔数量多,而且均匀分布在方镁石相周围。随着分散剂加入量的进一步增大,颗粒间排斥力增加,气泡迅速长大,部分胀破,部分气泡膜变薄。而后料浆沉降速度变快,发生不可逆的絮凝现象。料浆流动性恶化,颗粒间紧密堆积。气泡受外力的作用破裂,烧后试样的显气孔率下降。从图 6-20 中还可以看出,随着柠檬酸钠的加入量进一步增加,气孔的孔径增大,气孔数量也逐渐减少,烧后试样的致密化程度加深,削弱了镁质多孔材料的隔热保温性能。

图 6-20　烧后试样断面显微结构图

6.2.6　添加剂对镁质多孔材料的结构及性能影响

一般来说,固相含量直接决定料浆黏度,影响发泡程度,最终影响隔热制品的保温性能。通常气泡膜的破裂分以下三种方式:一种是类似于 Ostwald 熟化效应,料浆中存在大气泡和小气泡,根据毛细管效应,小气泡周围的浓度高于大气泡周围的浓度,即小气泡的 ΔG 高于大气泡内部的 ΔG 值,这样小气泡会向大气泡中扩散,小气泡变小甚至消失,大气泡由于内压大于外压而破碎。另一种是重力排液效应,由于颗粒物密度大于气泡膜的密度,致使液体向下排液,气泡上浮,达到液面时破裂。此外,还有就是受外界扰动的影响,气泡间或气泡与颗粒间相互挤压,使液膜厚度下降,甚至破裂。本节实验以 $\alpha\text{-}Al_2O_3$ 为添加剂,通过改变料浆的固相含量并根据上述实验结果以发泡剂加入量 4%、减水剂加入量为

2.5%和分散剂为0.1%为基础配方经注浆成型、养护、干燥及烧成工序制得镁质多孔材料，进而研究氧化铝加入量对多孔材料的料浆性质及烧后试样的致密性、相组成及微观结构等性能的影响，具体实验方案见表6-9。

表6-9　试验配方（质量分数）　　　　　　　　　　　（%）

原　料	16号	17号	18号	19号	20号
菱镁矿浮选尾矿	44	44	44	44	44
电熔镁砂	22	22	22	22	22
α-氧化铝微粉	0	1.2	2.4	3.6	4.8
复配发泡剂	4	4	4	4	4
柠檬酸钠	0.1	0.1	0.1	0.1	0.1
蒸馏水	25	25	25	25	25
六偏磷酸钠	2.5	2.5	2.5	2.5	2.5

6.2.6.1　添加剂的加入量对悬浮料浆黏度的影响

图6-21为改变氧化铝的加入量在不同转速下对料浆黏度的影响。从图中可以看出，料浆的黏度随着转速的增加而减小，证明该料浆为假塑性流体。同时，料浆的黏度氧化铝添加量的增加而增大。分析认为，氧化铝的加入提高了整个体系的固相含量。料浆中高固相含量对悬浮料浆的黏度和流动性有很大的影响，黏度越低，气泡越容易形成，但是稳定性差；反之，黏度越高，气泡稳定性好，但是难于形成。所以选择合适的黏度是影响气泡形成和稳定的关键因素。本实验选用氧化铝为添加剂，通过提高料浆的固相含量增大黏度，并弥散分布在气泡膜周围，缓冲气泡周围大颗粒的冲击，避免气泡产生应力集中而使液膜破裂。同时缩小气泡尺寸，增加了液膜厚度，提高气泡在悬浮料浆中的稳定性。此外，气泡周

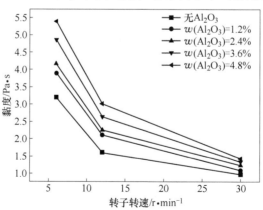

图6-21　料浆的黏度与转子转速之间的关系图

围存在这些均匀的弥散相，能够使形成的气泡尺寸均一，提高了多孔材料的隔热保温性能。从图 6-21 中还可以看出，氧化铝添加量高于 2.4%，料浆黏度很大，气泡膜受到周围颗粒强烈的挤压作用，很容易出现消泡现象。为此，以氧化铝添加量为 2.4% 为本实验的最优方案。

6.2.6.2 添加剂的加入量对烧后试样致密性的影响

图 6-22 所示为 Al_2O_3 添加量对烧后试样致密性的影响，从图中可以看出添加剂加入量对烧后试样的体积密度和显气孔率影响显著。烧后试样的体积密度随着 Al_2O_3 添加量的增加呈先增大后减小的趋势，气孔率的变化则相反，分析认为，Al_2O_3 质量分数从 0% 增加到 2.4% 时，Al_2O_3 结合菱镁矿浮选尾矿高温分解所形成的活性 MgO 形成 $MgAl_2O_4$。氧化铝加入量增加，镁铝尖晶石含量增加。Al_2O_3 固溶到 MgO 的晶格间隙中，促烧作用显著，使得烧后试样的致密化程度加深，提高多孔材料的结合强度。随着 Al_2O_3 添加量的增加，镁铝尖晶石在形成中存在体积膨胀效应起主要作用，烧后试样的体积密度开始下降，提高烧后试样的气孔率。但是，Al_2O_3 含量的进一步增加，这种体积膨胀效应大于材料因高温煅烧而产生的体积收缩，材料因过度膨胀而开裂损毁。所以，为保证多孔材料具有适宜的机械强度，Al_2O_3 应在一定范围内添加。

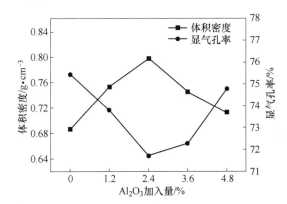

图 6-22 添加剂浓度对烧后镁质多孔材料的体积密度和显气孔率的影响

6.2.6.3 添加剂的加入量对烧后试样相组成及显微结构的影响

图 6-23 所示为烧后试样的 XRD 图谱，可以看出，镁质多孔材料以方镁石为主晶相，镁铝尖晶石为次晶相。随着添加剂氧化铝含量的增多，烧后试样中镁铝尖晶石相衍射峰逐渐增强，相比之下，方镁石相的衍射峰逐渐减弱。分析认为与外加电熔镁砂相比，菱镁矿分解所形成的氧化镁活性较高，容易与添加剂 α-氧化铝原位反应生成镁铝尖晶石。此外，尖晶石的形成伴随 5%~7% 的体积膨胀能抵消部分因烧结产生的体积收缩，保证了制品的框架结构完整。在一定范围内，随着氧化铝加入量的增多，烧后试样中镁铝尖晶石含量越多，这种体积膨胀效应

越大，在一定程度上为制备镁质多孔材料创造了条件。但是随着氧化铝含量的进一步增大，膨胀作用高于烧结过程中的体积收缩效应，使得材料在高温煅烧过程中膨胀、开裂、甚至坍塌，严重损坏镁质多孔制品。

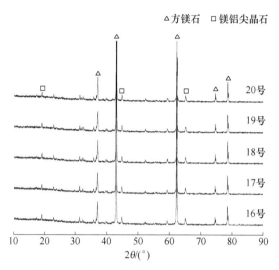

图6-23 实验配方烧后试样的XRD图谱

图6-24所示为添加不同数量的α-氧化铝粉烧后试样放大1000倍断口处显微结构，从图中可以看出，与17号试样相比，16号试样的气孔孔径大，气孔数量多，说明加入氧化铝能促进多孔材料的烧结。18号试样虽然没有16号试样的气孔率大，但是18号试样的气孔细小，且均匀分布在颗粒相周围，部分形成了

图6-24 烧后试样断面显微结构图

贯通气孔。随着 α-氧化铝含量的进一步增加，气孔孔径越来越大。同时在方镁石相表面附着一些尖晶石颗粒，虽然尖晶石相能够提高材料的结合强度，但是尖晶石形成过程中产生的体积膨胀效应形成了许多较大的气孔，降低了材料的强度。制品在烧成过程中由于膨胀效应而使试样表面开裂，不利于成型。

参 考 文 献

[1] 赵海鑫. 辽宁菱镁矿资源现状及发展意见 [J]. 耐火材料, 2009, 43 (4): 291-293.

[2] 罗旭东, 曲殿利, 张国栋, 等. Al_2O_3 对低品位菱镁矿与天然硅石合成制备镁橄榄石的影响 [J]. 人工晶体学报, 2012, 41 (2): 496-500.

[3] 张晋, 朱伯铨. Al+Mg-Al、Al+Si 复合添加剂对低碳镁碳材料抗氧化性能的影响 [J]. 耐火材料, 2010, 44 (2): 92-95.

[4] 遇龙, 罗旭东, 张国栋, 等. BN 对镁基含碳耐火材料性能的影响 [J]. 人工晶体学报, 2015, 444 (1): 227-232.

[5] 于忞, 罗旭东, 张国栋, 等. La_2O_3 对氧化镁陶瓷烧结性能与抗热震性能的影响 [J]. 人工晶体学报, 2016, 45 (9): 2251-2256.

[6] 徐建峰, 石干, 马明军. MgO 加入量和煅烧温度对镁橄榄石材料相组成的影响 [J]. 耐火材料, 2008, 42 (5): 354-356, 361.

[7] 邓承继, 卫迎锋, 祝洪喜, 等. MgO 加入量和烧成温度对镁橄榄石材料物相组成和性能的影响 [J]. 武汉科技大学学报, 2010, 33 (4): 381-382.

[8] 华旭军, 朱伯铨. TiC-C 复合粉体的制备及其对低碳镁碳材料抗氧化性能的影响 [J]. 武汉科技大学学报: 自然科学版, 2007, 30 (2): 145-148.

[9] 徐娜, 李志坚, 吴锋, 等. TiN 提高镁碳砖抗渣侵蚀机理的研究 [J]. 硅酸盐通报, 2008, 27 (5): 1044-1047.

[10] 李新, 窦叔菊. TiO_2 对镁铬砖抗渣侵蚀性的影响 [J]. 耐火材料, 2001, 35 (3): 144 -146.

[11] 贺智勇, 彭小艳, 李林, 等. ZrB_2 对低碳镁碳材料抗氧化性能的影响 [J]. 耐火材料, 2006, 40 (4): 280-282.

[12] 罗旭东, 张国栋, 李静, 等. ZrO_2 加入量对镁铝铬不烧砖性能的影响 [J]. 耐火材料, 2013, 47 (2): 120-123.

[13] 李阳, 李伟坚, 庄迎, 等. 超细镁铝尖晶石粉体制备及表征 [J]. 过程工程学报, 2009, 29 (增刊1): 177-180.

[14] 于仁红, 陈开献, 李勇, 等. 粗铜对镁铬砖的侵蚀 [J]. 耐火材料, 2002, 36 (5): 259 -261.

[15] 遇龙, 罗旭东, 谢志鹏, 等. 氮化硼/二硼化锆对氧化镁-氧化铝-碳材料性能影响 [J]. 无机盐工业, 2015, 47 (7): 16-19.

[16] 单琪堰, 张悦, 杨合, 等. 低品位菱镁矿煅烧的新工艺 [J]. 非金属矿, 2011, 34 (3): 15-18.

[17] 钟鑫宇, 罗旭东, 曲殿利, 等. 低品位菱镁矿与工业铝灰制备镁铝尖晶石 [J]. 无机盐工业, 2012, 44 (12): 32-35.

[18] 王闯, 罗旭东, 曲殿利, 等. 低品位菱镁矿与硅石制备镁橄榄石的研究 [J]. 无机盐工业, 2012, 44 (9): 48-50.

[19] 宋薇, 张国栋, 罗旭东, 等. 对再生镁碳砖制备过程中碳化铝的研究 [J]. 耐火与石灰, 2014, 39 (1): 20-23.

[20] 罗旭东, 曲殿利, 张国栋. 二氧化锆对低品位菱镁矿制备镁铝尖晶石材料组成结构的影响 [J]. 硅酸盐通报, 2012, 31 (1): 162-165, 170.

[21] 罗旭东, 曲殿利, 张国栋. 二氧化钛对菱镁矿风化石制备镁铝尖晶石组成结构的影响 [J]. 硅酸盐通报, 2011, 30 (5): 1151-1154.

[22] 李祯, 雷牧云, 娄载亮, 等. 非化学计量比镁铝尖晶石透明陶瓷的制备及性能 [J]. 硅酸盐通报, 2011, 30 (4): 891-894.

[23] 罗旭东, 张国栋, 田峰硕, 等. 锆英石对镁铝铬不烧砖烧结性能的影响 [J]. 硅酸盐通报, 2013, 32 (2): 330-334.

[24] 吴椿烽, 高里存, 刘斌, 等. 铬矿对镁质浇注料性能的影响 [J]. 耐火材料, 2008, 42 (3): 212-214.

[25] 王修慧, 曹冬鸽, 赵明彪, 等. 固相反应法制备高纯镁铝尖晶石粉体 [J]. 大连交通大学学报, 2008, 29 (1): 105-108.

[26] 罗旭东, 张国栋, 田峰硕, 等. 氧化对方镁石-尖晶石不烧制品性能的影响 [J]. 材料科学与工艺, 2014, 22 (5): 36-41.

[27] 罗旭东, 张国栋, 曲殿利, 等. 活性氧化铝、电熔镁砂对用后镁铬砖制备镁铬浇注料性能的影响 [J]. 非金属矿, 2012, 35 (6): 49-52.

[28] 廖桂华, 徐国辉, 沈立峰, 等. 基质组成对铝镁质浇注料性能的影响 [J]. 耐火材料, 2003, 37 (4): 217-220.

[29] 李芳, 刘开琪, 王秉军, 等. 连铸中间包用环保型镁质干式料的开发 [J]. 耐火材料, 2009, 43 (5): 374-377.

[30] 张晴, 彭西高. 炼铜转炉用镁铬砖的静态坩埚法侵蚀试验分析 [J]. 耐火材料, 2004, 38 (6): 447.

[31] 李勇, 石杰, 马文鹏, 等. 炼铜转炉用镁铬砖损毁机理的探讨 [J]. 耐火材料, 1997, 31 (6): 332-333, 336.

[32] 罗旭东, 曲殿利, 张国栋, 等. 菱镁矿风化石与叶腊石合成堇青石的结构表征 [J]. 无机化学学报, 2011, 27 (3): 434-438.

[33] 李振, 曲殿利, 郭玉香, 等. 菱镁矿尾矿与硼泥合成橄榄石研究 [J]. 硅酸盐通报, 2014, 33 (2): 248-252.

[34] 刘艳改, 卫李贤, 房明浩. 六铝酸钙/镁铝尖晶石复相材料的制备及性能 [J]. 硅酸盐学报, 2010, 38 (10): 1944-1947.

[35] 于岩, 阮玉忠, 吴任平. 铝厂污泥合成镁铝尖晶石的结构和性能 [J]. 硅酸盐学报, 2008, 36 (2): 233-236.

[36] 袁颖, 张树人, 游文南. 铝单醇盐 Sol-Gel 法合成镁铝尖晶石纳米粉及烧结行文的研究 [J]. 无机材料学报, 2004, 19 (4): 755-760.

[37] 罗旭东, 张国栋, 曲殿利, 等. 铝铬渣对用后镁铬砖制备镁铬浇注料性能的影响 [J]. 硅酸盐通报, 2012, 31 (2): 330-334.

[38] 邹明, 蒋明学, 钱跃进, 等. 铝铬砖和镁铬砖抗艾萨炉炉渣蚀损的模拟研究 [J]. 耐火材料, 2007, 41 (3): 180-182.

[39] 罗旭东, 张国栋, 刘帅, 等. 铝钛渣对镁质复合材料烧结性能的影响 [J]. 钢铁研究学

报, 2014, 26 (1): 7-11.

[40] 陈淑英. 镁橄榄石砂（粉）在高锰钢件消失模铸造生产中的应用 [J]. 铸造技术, 2000
     (2): 5, 6.

[41] 陈铁军, 张一敏, 王昌安, 等. 镁橄榄石在铁矿球团中的应用试验研究 [J]. 烧结球团,
     2005, 30 (2): 5-8.

[42] 王晓红, 高险峰. 镁橄榄石砖在玻璃窑中的开发应用 [J]. 硅酸盐通报, 1997, 16 (1):
     77-79.

[43] 陈松林, 孙加林, 熊小勇, 等. 镁锆砖和镁铬砖的抗大炉渣侵蚀性对比 [J]. 耐火材料,
     2007, 41 (6): 417-420, 423.

[44] 吴义权, 张玉峰. 镁铝尖晶石超微粉的制备方法 [J]. 材料导报, 2000, 14 (4): 41-43.

[45] 任彦瑾, 施力. 镁铝尖晶石的制备及其催化降烯烃性能研究 [J]. 无机盐工业, 2008, 40
     (1): 17-19.

[46] 姜瑞霞, 谢在库, 张成芳, 等. 镁铝尖晶石的制备及在催化反应中的应用 [J]. 工业催
     化, 2003, 1 (11): 47-51.

[47] 高里存, 张强. 镁铝尖晶石和铬矿对镁质浇注料烧结的影响 [J]. 耐火材料, 2007, 41
     (1): 54, 55, 58.

[48] 马北越, 徐建平, 陈敏. 镁铝尖晶石质耐火材料的合成 [J]. 材料与冶金学报, 2005, 4
     (4): 269-271.

[49] 姜茂发, 孙丽枫, 于景坤. 镁铝尖晶石质耐火材料的开发与应用 [J]. 工业加热, 2005,
     34 (2): 56-59.

[50] 李美葶, 张国栋, 罗旭东, 等. 镁砂对高铝质可塑料性能影响 [J]. 硅酸盐通报, 2015,
     34 (3): 788-792.

[51] 高婉香, 田守信. 镁砂对铝镁质材料热膨胀性能的影响 [J]. 耐火材料, 2003, 37 (5):
     305-306.

[52] 张芸, 陈俊红, 窦叔菊, 等. 镁砂粉加入量对 RH 浸渍管浇注料性能的影响 [J]. 耐火材
     料, 2003, 37 (2): 85, 86, 91.

[53] 胡耀升, 李享成, 朱伯铨. 镁砂加入量对刚玉捣打料性能的影响 [J]. 耐火材料, 2013,
     47 (4): 271-273.

[54] 唐龙燕, 张慧兴, 余利华, 等. 镁砂加入量对铝镁质摆动流嘴预制件性能的影响 [J]. 耐
     火材料, 2011, 45 (2): 118-119.

[55] 曹杨, 郑丽君, 宋建义. 镁砂加入量及粒度对铬渣砖性能的影响 [J]. 耐火材料, 2013,
     47 (5): 396, 399.

[56] 雷中兴, 李楠, 陈家唯. 镁砂细粉含量对铝镁质浇注料性能的影响 [J]. 耐火材料,
     2001, 35 (4): 196-198.

[57] 鄢文, 李楠, 韩兵强. 镁砂细粉加入量对轻骨料刚玉-尖晶石浇注性能的影响 [J]. 耐
     火材料, 2010, 44 (2): 104-107.

[58] 罗旭东, 张国栋, 刘海啸, 等. 镁质复合滑板材料的研究与开发 [J]. 鞍山科技大学学
     报, 2007, 30 (6): 587-589.

[59] 罗旭东, 张国栋, 刘海啸, 等. 镁质复合滑板材料与铝锆碳滑板材料性能比较 [J]. 冶金

能源，2009，28（1）：38-40.

[60] 王修慧，刘炜，张洋，等．凝胶固相法制备高纯镁铝尖晶石纳米粉体［J］.大连铁道学院学报，2006，27（2）：77-79.

[61] 李维翰，尚红霞．轻烧氧化镁粉活性测定的方法［J］.硅酸盐通报，1987，6（6）：45-51.

[62] 李勇，陈开献，鲁兴华，等．闪速炉用镁铬砖的研制与应用［J］.耐火材料，2001，35（2）：95-96.

[63] 毕玉保，辛英杰，王建武，等．烧结合成镁铬砂的研制［J］.耐火材料，2001，35（2）：119-120.

[64] 陈炎．适用于镁橄榄石绝热板的保护渣［J］.钢铁研究，1995，1（1）：9-12.

[65] 任彦瑾，施力．铈、铌改性镁铝尖晶石作为催化降烯烃助剂的研究［J］.中国稀土学报，2008，26（1）：1-5.

[66] 李军，周晓奇，宋志安，等．水热法制备镁铝尖晶石载体［J］.工业催化，2003，11（10）：44-49.

[67] 刘旭霞，范立明，陈洁瑢，等．水热合成法制备镁铝尖晶石工业条件研究［J］.工业催化，2008，16（8）：18-22.

[68] 吴万伯．谈菱镁矿的综合开发与利用［J］.矿产保护与利用，1994，11（1）：15-18.

[69] 罗旭东，曲殿利，张国栋，等．碳热还原氧化法制备氧化镁粉体［J］.无机盐工业，2011，43（5）：55-57.

[70] 朱强，于景坤．添加LaB_6对低碳镁碳砖抗氧化性能的影响［J］.东北大学学报（自然科学版），2006，27（S2）：173-175.

[71] 徐琳琳，王冲，朱维忠，等．铜冶炼炉用镁铝钛砖的研制［J］.耐火材料，2012，46（5）：347-349.

[72] 罗旭东，曲殿利，张国栋，等．氧化锆对低品位菱镁矿制备镁橄榄石的影响［J］.无机盐工业，2013，45（6）：11-14.

[73] 罗旭东，曲殿利，张国栋．氧化铬对菱镁矿风化石制备堇青石材料的影响［J］.硅酸盐通报，2012，31（1）：71-74.

[74] 罗旭东，曲殿利，张国栋，等．氧化铬对镁橄榄石材料结构及性能的影响［J］.材料热处理学报，2013，34（1）：21-25.

[75] 罗旭东，曲殿利，张国栋．氧化镧对菱镁矿风化石制备镁铝尖晶石材料组成结构的影响［J］.稀土，2012，33（4）：59-63.

[76] 罗旭东，张国栋，刘海啸，等．氧化铝、氧化铬对方镁石-尖晶石材料抗钢水侵蚀性的影响［J］.钢铁研究学报，2011，23（10）：50-53，58.

[77] 谢朝晖，叶方保．氧化铝微粉加入量对低碳镁碳砖性能的影响［J］.耐火材料，2010，44（2）：89-91，99.

[78] 张玲利，罗旭东，张国栋，等．氧化镁对凝胶结合氧化铝空心球浇注料性能的影响［J］.耐火与石灰，2011，36（2）：18-20，23.

[79] 罗旭东，曲殿利，张国栋，等．氧化铈对菱镁矿风化石制备镁铝尖晶石材料组成结构的影响［J］.非金属矿，2011，34（6）：15-18.

［80］ 于岩，阮玉忠，吴任平. 氧化钛对铝厂污泥合成的镁铝尖晶石晶相结构的影响 ［J］. 硅酸盐学报，2007，35（3）：385-388.

［81］ 罗旭东，张国栋，刘海啸，等. 用后滑板与用后镁碳砖合成镁铝尖晶石的研究 ［J］. 耐火材料，2010，44（Sup）：351-352.

［82］ 程兆侃，任德和，张用宾，等. 优质镁橄榄石砖 ［J］. 硅酸盐通报，1997，16（1）：25-30.

［83］ 石建军，李银文，王鹏，等. 中国菱镁矿选矿现状分析 ［J］. 轻金属，2011，47（增刊）：51-53.

［84］ V. A. Bron, Y. I. Savchenko, I. L. Shchetnikova, et al. Decomposition of Magnesite During Heating ［J］. Refractories and Industrial Ceramics, 1973, 14（3-4）：185-187.

［85］ Y. N. Ermolin, N. A. Ryzhenkov, V. N. Umantes, et al. Ways of Improving Extraction and Ore-Perparation Processes at the Kirgiteisk Magnesite Deposites ［J］. Refractories and Industrial Ceramics, 1984, 25（3-4）：165-169.

［86］ A. G. M. Othman, M. A. A. EI-MaatyM. A. Serry. Hydration-Resisitant Lime Refractories from Egyptian Limestone and Ilmenite Raw Materials ［J］. Ceramics International, 2001, 27（7）：801-807.

［87］ M. A. Serry, M. B. EI-Kholi, M. S. Elmaghraby, et al. Characterization of Egyptian Dolomitic Magnesite Deposits for the Refractories Industry ［J］. Ceramics International, 2002, 28（5）：575-583.

［88］ P. G. Lampropoulou, C. G. Katagas. Composition of Periclase and Calcium-Silicate Phases in Magnesia Refractories Derived from Natural Microcrystalline Magnesite ［J］. Journal of American Ceramics Society, 2005, 88（6）：1568-1574.

［89］ N. Tajafyhu, K. Fujino, T. Nagai. Decarbonation Reaction of Magnesite in Subducting Slabs at the Lower Mantle ［J］. Physics and Chemical of Minerals, 2006, 33（10）：651-654.

［90］ K. Das, S. Mukherjee, P. K. Maiti, et al. Microstructural and Densification Study of Natural Indian Magnesite in Presence of Zirconia Additive ［J］. Bulletin of Materials Science, 2010, 33（4）：439-444.

［91］ P. T. Jones, J. Vleuges, I. Volders, et al. A Study of Slag-Infiltrated Magnesia-Chromite Refractories Using Hybrid Microwave Heating ［J］. Journal of the European Ceramic Society, 2002, 22（6）：903-916.

［92］ Y. K. Kalpakli, S. Gökmena, S. Özgenb. Effect of Binder Type and Other Parameters in Synthesis of Magnesite Chromite Refractories from Process Waste ［J］. Journal of the European Ceramic Society, 2002, 22（7）：755-759.

［93］ 余明清，范仕刚，张联盟.（Y，Ce）-ZrO$_2$ 增韧 92Al$_2$O$_3$ 陶瓷的研究 ［J］. 硅酸盐通报，2002，21（4）：31-35.

［94］ M. K. Haldar, H. S. Tripathi, S. K. Das, et al. Effect of Compositional Variation on the Synthesis of Magnesite-Chrome Composite Refractory ［J］. Ceramics International, 2004, 30（6）：911-915.

［95］ I. -H. Jung, S. A. Decterov, A. D. Pelton. Critical Thermodynamic Evaluation and Optimization of the Cao-Mgo-Sio$_2$ System [J]. Journal of the European Ceramic Society, 2005, 4 (25): 313-333.

[96] M. Guo, P. T. Jones, S. Parada, et al. Degradation Mechanisms of Magnesia-Chomite Refractories by High-Alumina Stainless Steel Slags under Vacuum Conditions [J]. Journal of the European Ceramic Society, 2006, 26 (16): 3831-3843.

[97] A. Ghosh, M. K. Haldar, S. K. Das. Effect of Mgo and Zro$_2$ Addition on the Properties of Magnesite-Chrome Composite Refractory [J]. Ceramics International, 2007, 33 (5): 821-825.

[98] V. Petkov, P. T. Jones, E. Boydens, et al. Chemical Corrosion Mechanisms of Magnesia-Chromite and Chrome-Free Refractory Bricks by Copper Metal and Anode Slag [J]. Journal of the European Ceramic Society, 2007, 27 (6): 2433-2444.

[99] V. Petkov, P. T. Jones, E. Boydens, et al. Chemical Corrosion Mechanisms of Magnesia-Chormite and Chrome-Free Refractory Bricks by Copper Metal and Anode Slag [J]. Journal of the European Ceramic Society, 2007, 27 (6): 2433-2444.

[100] V. V. Slovikovskii. A Method of Reducing the Thermal Stresses in the Lining of the Tuyere Belt in a Nonferrous Metallurgy Converter [J]. Refractories and Industrial Ceramics, 2008, 49 (3): 216-218.

[101] A. Azhari, F. Golestani-FardH. Sarpoolaky. Effect of Nano Iron Oxide as an Additive on Phase and Microstructural Evolution of Mag-Chrome Refractory Matrix [J]. Journal of the European Ceramic Society, 2009, 29 (13): 2679-2684.

[102] M. Guo, S. Parada, P. T. Jones, et al. Interaction of Al$_2$O$_3$-Rich Slag with Mgo-C Refractories During Vod Refrining-MgO and Spinel Layer Formation at the Slag/Refractory Interface [J]. Journal of the European Ceramic Society, 2009, 29 (6): 1053-1060.

[103] H. Grenman, T. Salmi, D. Y. Murzin. Solid-Liquid Reaction Kinetics-Experimental Aspects and Model Development [J]. Reviews in Chemical Engineering, 2011, 27 (1-2): 53-77.

[104] A. Obregón, J. L. Rodríguez-Galicia, J. López-Cuevas. Mgo-CaZrO$_3$-Based Refractories for Cement Kilns [J]. Journal of the European Ceramic Society, 2011, 31 (1-2): 61-74.

[105] M. K. Cho, M. A. V. Ende, T. H. Eun, et al. Investigation of Slag-Refractory Interactions for the Ruhrstahl Heraeus (Rh) Vacuum Degassing Process in Steelmaking [J]. Journal of the European Ceramic Society, 2012, 32 (8): 1503-1517.

[106] E. A. Rodriguez, G. A. Castillo, T. K. Das, et al. MgAl$_2$O$_4$ Spinel as an Effective Ceramic Bonding in a Mgo-CaZrO$_3$ Refractory [J]. Journal of the European Ceramic Society, 2013, 33 (13-14): 2767-2774.

[107] T. Salmi, H. Grenman, J. Warna, et al. New Modelling Approach to Liquid-Solid Reaction Kinetics from Ideal Particles to Real Particles [J]. Chemical Engineering Research and Design, 2013, 91 (10): 1876-1889.

[108] 牛智旺, 刘新红, 尚俊利, 等. Al-Mg 合金加入量对低碳 Al$_2$O$_3$-Al-C 不烧滑板材料低温性能的影响 [J]. 硅酸盐通报, 2013, 32 (7): 1458-1462.

［109］ 杨卫波, 袁林, 胡建辉, 等. 加入脱硅 ZrO_2 微粉对 $MgO-Cr_2O_3$ 材料性能的影响［J］. 耐火材料, 2013, 47（4）: 281-283, 286.

［110］ A. Malfiet, S. Lotifian, L. Scheunis, et al. Degradation Mechanism and Use of Refractory Linings in Copper Production Processes: A Critical Review［J］. Journal of the European Ceramic Society, 2014, 34（3）: 849-876.

［111］ L. Scheunis, M. Campforts, P. T. Jones, et al. The Influence of Slag Compositional Change on the Chemical Degradation of Magnesia-Chromite Refractories Exposed to Pbo-Based Non-Ferrous Slag Saturated in Spinel［J］. Journal of the European Ceramic Society, 2015, 35（1）: 347-355.

［112］ L. Scheunis, A. F. Mehrjardi, M. Campforts, et al. The Effect of Phase Formation During Use on the Chemical Corrosion of Magnesia-Chromite Refractories in Contact with a Non-Ferrous Pbo-Sio$_2$ Based Slag［J］. Journal of the European Ceramic Society, 2014, 34（6）: 1599-1610.

［113］ A. M. Soltan, M. Wendschuh, H. Willims, et al. Densification and Resistance to Hydration and Slag Attack of Ilmenite-Doped Mgo-Dolomite Refractories in Relation to Their Thermal Equilibrium and Microfabric［J］. Journal of the European Ceramic Society, 2014, 34（8）: 2023-2033.

［114］ L. Xudong, Q. Dianli, Z. Guodong, et al. Structure Characterization of Mg-Al Spinel Synthesized from Industrial Waste［J］. Advanced Materials Research, 2011, 295-297: 148-151.

［115］ L. Xudong, Q. Dianli, Z. Guodong, et al. Characterization of Mg-Al Spinel Synthesized with Alkali Corrosion Slag from Aluminum Profile Fractory［J］. Applied Mechanics and Materials, 2011, 71-78: 5054-5057.

［116］ L. Xudong, Q. Dianli, Z. Guodong, et al. The Influence of TiO_2 on Synthesizing the Structure of the Cordierite［J］. Advanced Materials Research, 2011, 233-235: 3027-3031.

［117］ L. Xu-dong, Q. Dian-li, X. Zhi-peng, et al. Influence of La_2O_3 on the Crystalline Structure of Forsterite Synthesized from Low-Grade Magnesite［J］. Bulletin of the Chinese Ceramic Society, 2013, 31（1）: 71-74.

［118］ 罗旭东. 铜冶炼工艺用耐火材料内衬的使用及损毁机理回顾（2）［J］. 耐火与石灰, 2015, 40（4）: 20-27, 31.

［119］ 罗旭东. 铜冶炼工艺用耐火材料内衬的使用及损毁机理回顾（1）［J］. 耐火与石灰, 2015, 40（3）: 21-33.

［120］ D. Feng, X. Luo, G. Zhang, et al. Effect of $Al_2O_3+4SiO_2$ Additives on Sintering Behavior and Thermal Shock Resistance of Mgo-Based Ceramic［J］. Refractories and Industrial Ceramics, 2016, 57（4）: 417-422.

［121］ M. Li, N. Zhou, X. Luo, et al. Effects of Doping $Al_2O_3/2SiO_2$ on the Structure and Properties of Magnesium Matrix Ceramic［J］. Materials Chemistry and Physics, 2016, 175: 6-12.

［122］ M. Li, N. Zhou, X. Luo, et al. MgO Macroporous Monoliths Prepared by Sol-Gel Process with Phase Separation［J］. Ceramics International, 2016, 42（14）: 16368-16373.